高等院校应用型人才培养"十四五"规划教材

工业互联网综合项目实战

河北对外经贸职业学院
天津滨海迅腾科技集团有限公司　编著

天津大学出版社
TIANJIN UNIVERSITY PRESS

图书在版编目(CIP)数据

工业互联网综合项目实战 / 河北对外经贸职业学院,天津滨海迅腾科技集团有限公司编著. -- 天津：天津大学出版社,2022.6
高等院校应用型人才培养"十四五"规划教材
ISBN 978-7-5618-7224-6

Ⅰ.①工… Ⅱ.①河… ②天… Ⅲ.①互联网络—应用—工业发展—高等学校—教材 Ⅳ.①F403-39

中国版本图书馆CIP数据核字(2022)第109026号

GONGYE HULIANWANG ZONGHE XIANGMU SHIZHAN

出版发行	天津大学出版社
地　　址	天津市卫津路92号天津大学内(邮编:300072)
电　　话	发行部:022-27403647
网　　址	www.tjupress.com.cn
印　　刷	廊坊市海涛印刷有限公司
经　　销	全国各地新华书店
开　　本	185mm×260mm
印　　张	11.25
字　　数	281千
版　　次	2022年6月第1版
印　　次	2022年6月第1次
定　　价	59.00元

凡购本书,如有缺页、倒页、脱页等质量问题,烦请与我社发行部门联系调换
版权所有　侵权必究

高等院校应用型人才培养"十四五"规划教材 指导专家

周凤华	教育部职业技术教育中心研究所
姚　明	工业和信息化部教育与考试中心
陆春阳	全国电子商务职业教育教学指导委员会
李　伟	中国科学院计算技术研究所
许世杰	中国职业技术教育网
窦高其	中国地质大学（北京）
张齐勋	北京大学软件与微电子学院
顾军华	河北工业大学人工智能与数据科学学院
耿　洁	天津市教育科学研究院
周　鹏	天津市工业和信息化研究院
魏建国	天津大学计算与智能学部
潘海生	天津大学教育学院
杨　勇	天津职业技术师范大学
王新强	天津中德应用技术大学
杜树宇	山东铝业职业学院
张　晖	山东药品食品职业学院
郭　潇	曙光信息产业股份有限公司
张建国	人瑞人才科技控股有限公司
邵荣强	天津滨海迅腾科技集团有限公司

基于工作过程项目式教程
《工业互联网综合项目实战》

主　编　史　伟　王永乐
副主编　张　涛　黄　健　郭念田　梁　妮
　　　　李慕菡　范　玥　李肖霆　丁再儒

前　言

　　本书在编写过程中严格贯彻"以行业及市场需求为导向,以职业专业能力为核心"的编写理念,融入新时代中国特色社会主义的新政策、新需求、新信息、新方法,以实践教学为主线,突出职业特点,落实岗位工作动线和过程。

　　本书采用以项目驱动为主体的编写模式,通过实战项目驱动,实现知识传授与技能培养双重目标,以便更好地适应程序开发工程师职业岗位需求。本书体现了"做中学""学中做"的设计思路,通过分析对应知识、技能与素质要求,确立每个模块的知识与技能组成,并对内容进行甄选与整合。每个模块都设有学习目标、任务描述、任务技能、任务实施、任务总结和任务习题。本书结构条理清晰、内容详细,任务实施是整本书的精髓部分,可以有效地考察学习者对知识和技能的掌握程度和拓展应用能力。这部分内容均采用企业实际开发中会运用到的各种真实的业务项目,以真实生产项目为载体组织教学单元,摒弃传统教材繁杂的理论知识讲解模式,以真实的项目为载体、项目任务为驱动,基于实际工作流程,将完成任务所需的相关知识和技能融入项目之中。在完成项目的过程中,读者不仅掌握了知识技能,也具备了相应的职业技能。本书支持工学结合的一体化教学。

　　本书由史伟、王永乐共同担任主编,张涛、黄健、郭念田、梁妮、李慕菡、范玥、李肖霆、丁再儒担任副主编。本书从 Niagara 的基本用法出发,由浅入深地讲解如何使用 Niagara 构建工程项目,从创建一个 Station 实例开始,深入地讲解 Niagara Workbench 中的各个模块,同时对 Niagara 的一些基本组件,如组态图、通信方式、基本服务、可视化等进行讲解,最后通过对 Niagara 的一些核心插件进行实操,使读者能完整地构建一个 Niagara"智慧工业"项目。

　　本书主要以"智慧工业"项目的实现流程为主线,通过"理解项目要求"→"创建设备环境点位"→"添加历史报警扩展组件"→"项目可视化"来完成整体项目,循序渐进地讲述了 Niagara 的基本用法和高级特性、Niagara 必备核心插件的功能及用法。全书知识点的讲解由浅入深,使每一位读者都能有所收获,也保持了整本书的知识深度。

　　本书理论内容简明,任务实施操作讲解细致、步骤清晰,操作以及理论讲解过程均附有相应的效果图,便于读者直观、清晰地看到操作效果。通过细致学习本书,可使读者对 Niagara 框架以及 Niagara Workbench 的学习更加得心应手,构建网络应用前端项目的能力更上一层楼。

　　由于编者水平有限,书中难免出现错误与不足,恳请读者批评指正和提出改进建议。

编者
2022 年 2 月

目 录

项目一 Niagara框架介绍与安装 ·· 1
 学习目标 ·· 1
 任务描述 ·· 1
 任务技能 ·· 3
 任务实施 ·· 15
 任务总结 ·· 27
 任务习题 ·· 27

项目二 Niagara工业互联网系统开发基础 ·· 28
 学习目标 ·· 28
 任务描述 ·· 28
 任务技能 ·· 29
 任务实施 ·· 39
 任务总结 ·· 47
 任务习题 ·· 47

项目三 工业设备 ·· 49
 学习目标 ·· 49
 任务描述 ·· 49
 任务技能 ·· 50
 任务实施 ·· 62
 任务总结 ·· 76
 任务习题 ·· 76

项目四 环境监控 ·· 77
 学习目标 ·· 77
 任务描述 ·· 77
 任务技能 ·· 78
 任务实施 ·· 100
 任务总结 ·· 109
 任务习题 ·· 109

项目五 项目实施 ·· 111
 学习目标 ·· 111

任务描述 ··· 111
  任务技能 ··· 112
  任务实施 ··· 120
  任务总结 ··· 139
  任务习题 ··· 139

项目六　Python Web 项目 ·· 141

  学习目标 ··· 141
  任务描述 ··· 141
  任务技能 ··· 142
  任务实施 ··· 149
  任务总结 ··· 175
  任务习题 ··· 175

项目一　Niagara 框架介绍与安装

通过对 Niagara Workbench 的学习，了解 Niagara Framework 的作用，熟悉 Niagara Workbench 安装目录结构的作用，掌握 Niagara Workbench 的安装流程，具备使用 Niagara Framework 的基本能力。在任务的实现过程中：

● 了解 Niagara Framework；
● 熟悉 Niagara Workbench 的安装目录结构；
● 掌握安装流程；
● 能够开启 Niagara Framework 服务。

【情境导入】

Niagara 是一种使用基于 Java 的物联网平台搭建的框架，其拥有多种协议的对接形式，使用的是对象形式的开发，将每一项通信都抽象成点位。

【任务描述】

● 了解 Niagara Framework。
● 熟悉 Niagara Workbench。
● 掌握开发环境准备工作。

🏆【效果展示】

通过本项目,对 Niagara Framework 与 Niagara Workbench 进行学习,安装并熟悉 Niagara Workbench 这一核心工具,在 Niagara 中新建 Niagara Framework 项目——Station(站点)并正常运行。

Niagara Workbench 主页面和 Niagara Framework 服务 Platform 界面如图 1-1 和图 1-2 所示。

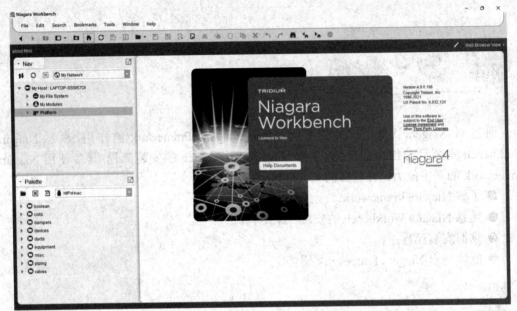

图 1-1　Niagara Workbench 主页面

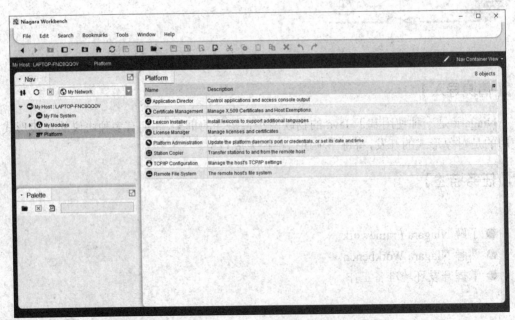

图 1-2　Niagara Framework 服务 Platform 界面

技能点一　Niagara Framework 简介

Niagara 是一种应用框架,或者说是软件框架,特别设计用于应对智能设备所带来的各种挑战,包括将设备连接到企业级的应用,支持互联网的产品和基于互联网的自动化系统的开发。应用框架是软件工程中的一个概念,不同于普通的软件,它是用于实现某一应用领域通用完备功能的底层服务,使用这种框架的编程人员可以在一个通用功能已经实现的基础上开始具体的产品和系统开发。应用框架强调的是软件的设计重用性和系统的可扩展性,缩短各种应用软件开发的周期,提高开发的质量。

传统的多对多的系统集成结构,连接太多,过于复杂且成本高,这些都给集成解决方案带来了障碍。传统系统集成结构如图 1-3 所示。

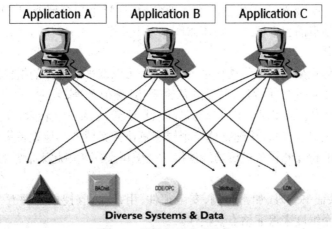

图 1-3　传统系统集成结构

Niagara 提供了一个统一的、具有丰富功能的开放式平台,它可以简化开发的过程,明显降低产品或系统的开发成本,缩短企业进入市场的时间或工程的建设周期。Niagara 创造了一个通用的环境,几乎可以连接任何能够想象到的嵌入式设备或系统,而不用太多考虑这些设备的制造厂家和其使用的通信协议。这一切的关键在于 Niagara 可以与各种设备和系统通信,将它们的数据和属性转换成为标准的软件组件,通过大量基于 IP 的协议,支持 XML 的数据处理和开放的 API 为企业级应用提供无缝的、统一的设备数据视图。

如图 1-4 所示,Niagara 平台是一种多对一的架构,让各个系统之间以及与上层应用之间相互统一。

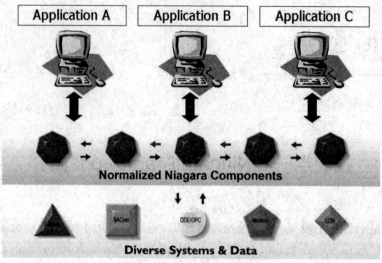

图 1-4 Niagara 平台结构

通过转换各种外部设备和系统的数据成为规范的软件组件，Niagara 创造了一种开发架构，大大优于基于网关集成的多对多的复杂架构。这种优势体现在，任何的设备和系统通过 Niagara 规范都可以兼容其他连接到应用框架的设备和系统，为企业级应用提供真正的系统内的互操作能力和统一的数据呈现，开发者不再需要花费时间去创建、测试和重复验证各种网关设施。

Niagara Framework 采用了先进的设计理念，并让整个系统部署和吞吐变得弹性化，适用于单站点到多站点的服务模式。具体体现在以下几个方面。

1. 组件平台化

基于平台化体系架构的增量迭代系统，开发者可以在平台提供的组件的基础上，快速地依据最佳实践方式搭建应用程序，而无须从零开始，无须开发、关注软件的底层功能实现方法。集成商可应用如授权许可、用户管理、导航、日志管理、单位/转换、安全、Driver、报警、历史、PX 等一系列已有模块，快速搭建一个楼宇解决方案或者其他设备集成信息系统方案。而且基于组件化的设计和设备模板功能使得这些应用程序复用起来非常容易。

2. 安全性

Niagara 提供证书管理、加密传输、安全邮件、用户认证、授权管理五个管理套件，从通信、认证、访问三个维度来保证站点安全性。

（1）安全通信

Niagara 提供服务器识别验证功能，在证书管理器中建立有效的数字证书用以验证服务器身份，这可以有效地防止"中间人攻击"和"欺骗攻击"。

对 Platform 通信、Fox 通信、HTTP 通信均提供数据加密功能，可以在数据传输时有效防止窃听，用户还可自定义密钥的长度。

提供对 E-mail 通信的安全加密，用户可以在 E-mail Service 中进行配置。

（2）用户认证

用户认证系统只允许合法的用户或者其他站点通过 Workbench 及 Web 浏览器访问本站点，从而防止恶意攻击。用户可以使用 Authentication Service 创建不同的认证策略，并在

User Service 中赋予不同的用户不同的方案和密码。

（3）授权管理

授权管理可以定义各个用户对组件、文件和历史各种资源的访问、修改权限。Niagara 提供了基于角色的访问控制，用户可以通过 Category Service 设置各种资源的分组，通过 Role Service 来定义权限，通过 User Service 来修改用户的角色。

3. 接入开放性

Niagara 具备开放地接入多种设备的能力，同样也可以开放给其他系统访问。

（1）开放的接入能力

Niagara 具备接入大部分智能设备或系统的能力，如 Lonworks、BACnet、Modbus、KNX、MBUS 等。这种能力是开放的，Niagara 提供标准的接入能力，同时用户可以自定义开发。

（2）开放的被接入能力

由于没有任何一个系统可以处理所有的事情，因此被集成是必须具备的能力。同样，这种能力是开放的，Niagara 可以提供标准的被接入能力，同时用户可以自定义开发。

Niagara 提供对主流关系型数据库 Oracle，SQL Server，MySQL 的支持，提供对 SNMP、Obix、LDAP 的支持。

4. 集成标准化

将集成设备的数据和特征标准化为 Niagara 通用对象，无须关注各设备之间的差异。对于温控器设备对象，其是一个软件对象，使用者无须关注底层设备的电气接口、通信协议的差异，只需要关注设备的属性和其行为，包括设备名称、运行参数（设定温度、模式）、运行状况（当前温度、报警、开关等）以及相应的历史数据、报警数据，甚至是设备操控界面等，这就是软件世界对物理世界的虚拟化处理。

5. 软件扩展性

Niagara 提供的无须编程的应用程序组态能力及基于 Java 的二次开发扩展能力，使得企业经过培训，自己有能力配置、开发一些需求，使得系统具有灵活的扩展性。

6. 分布式及弹性架构

由于被集成的设备本身在位置上就是分布式部署的，分散在不同区域的建筑、工厂、机场等，所以系统的分布式部署可以很好地适应这种情况，即在现场配置独立运算单元，实现本地的实时数据采集、存储、控制、报警等处理。这降低了对中央服务器的计算要求和通信带宽要求，即不依赖于互联网和集中的服务处理，在远程网络故障和中央服务器宕机的情况下，本地计算单元仍会继续工作，不会出现大面积瘫痪、丢失数据或失去控制的情况。该本地计算单元应具备如下能力，以实现分布式架构：

- 实时数据接入能力，包括本地的集成、设备模型建模；
- 实时数据处理能力，包括时间表控制、联动控制、报警规则的逻辑控制；
- 实时数据存储能力，包括历史数据、报警数据的存储；
- 本地 UI 交互能力，提供 WebService 及 Bajaux；
- 与其他计算单元的通信、协同能力，单元之间的连接无须经过服务器；
- 与中央服务器的通信、协同能力。

所以，分布式架构可以保证本地控制的即时完备性、历史和报警数据的完整性、大系统的稳定性。用户可横向弹性部署，持续地将更多的计算单元不断接入系统，从而可以做到以下几点。

（1）按需逐步搭建系统

首先可以进行单个或多个试点建设，定义好本地基本的设备模型、控制管理模型；其次可以快速复制到其他相似现场，并且部署区域化的服务器管理节点，实现区域自治；最后建设中央服务器管理节点，最终形成集中监控、分布部署的大型系统架构。

（2）扩容系统不需要重构整个系统架构

扩容系统只需要横向扩展接入能力，而且在接入新的计算单元时，现有系统的正常作业不会受到影响。

（3）增强系统的稳定性

对于集中的系统而言，只要发生宕机则整个系统不能工作，数据丢失，造成重大损失。而分布式弹性架构系统极大地降低了系统整体故障的概率，由于各个单元都是高度自治的，任何网络里面的其他单元或者网络出现异常，本身还可以正常工作，一旦其他单元（特别是中央单元、网络）恢复正常，单元之间会继续协同起来，数据并不会丢失。

技能点二　Niagara Workbench 界面

在进行工业互联网项目开发前，首先了解一下日后要经常接触的工具：Niagara Workbench。该框架是一个专门适用于工业互联网、物联网等项目组态可视化开发的标准化 Niagara Framework 软件，也是物联网的核心服务框架，在使用之前还要经过安装部署及授权等过程。

1. 页面布局

Niagara Workbench 服务框架平台分为菜单栏、工具栏、路径栏、Nav 导航栏、Palette（调色板）以及用于操作的标签页，各模块如图 1-5 所示。

图 1-5　Niagara Workbench 页面的各个部分

在 Niagara Workbench 中按住键盘上的 Ctrl 键，使用鼠标左键双击路径、文件夹或对象都可以打开一个新的标签页，如图 1-6 所示。

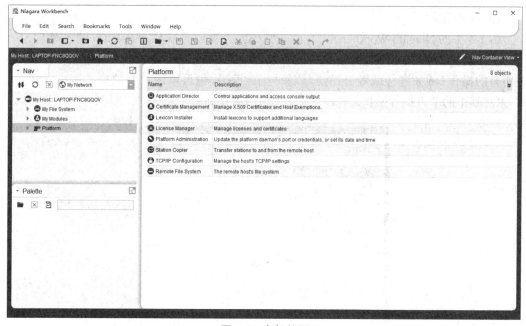

图 1-6　多标签页

2. 菜单栏

菜单栏包括 File、Edit、Search、Bookmarks、Tools、Window 和 Help，这些选项以及它们的下拉菜单几乎包括了 Niagara 的所有操作。这些选项的功能如表 1-1 所示。

表 1-1　菜单栏选项

站点目录	功能作用
File	包括打开 Station、Platform 和文件的导入、导出等操作
Edit	包括复制、剪切、删除、移动等操作
Search	搜索操作
Bookmarks	添加、管理书签操作
Tools	各种工具与站点、文件的新建
Window	各种功能窗口的开启
Help	帮助选项与帮助文档

3. 工具栏

工具栏包含跳转、首页保存、导出、后退、前进、撤销、查看近期浏览、打开文件或项目以及修改等操作内容，如图 1-7 所示。在日常操作中，一些简单的如保存、复制、粘贴等操作可以使用常用的 Ctrl + S、Ctrl + C 和 Ctrl + V 等快捷键实现。

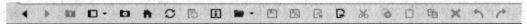

图 1-7 工具栏

4.Nav 导航栏

图 1-5 中的 Niagara Workbench 界面，左侧一般为 Nav 导航栏和 Palette（调色板）。

在导航侧栏中，可以双击导航树中的节点，或者使用右键单击弹出菜单来执行导航侧栏中所有的操作（例如连接或断开站点、刷新树节点等），也可以通过左键单击箭头展开导航树，来对其中的节点执行操作。Nav 导航栏如图 1-8 所示。

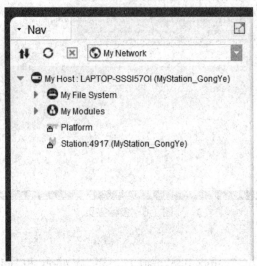

图 1-8 Nav 导航栏

如图 1-9 标签页中显示的内容与 Nav 导航栏的导航树是对应的。这样一来结合路径栏，很容易定位开发页面的位置。

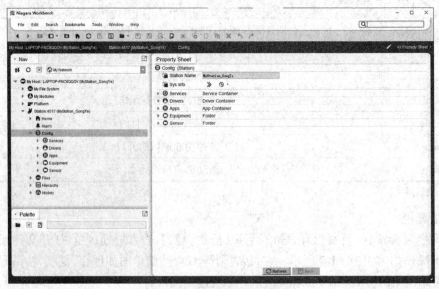

图 1-9 Nav 导航栏与标签页

5.Palette（调色板）

Palette 在项目开发中极为常用，在 Palette 中有 Niagara Framework 框架的各种功能控件。在项目开发过程中，经常使用拖拉形式将控件从 Palette 中添加到新建的项目中。调色板如图1-10 所示。

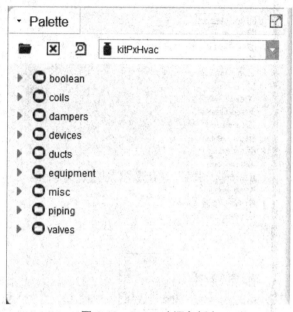

图 1-10　Palette（调色板）

单击 Palette 窗口上方的文件夹按钮，打开可用的控件，在弹出框中查询控件名字即可将控件添加到项目中，如图 1-11 和图 1-12 所示。

图 1-11　Palette 打开控件

图 1-12　Palette 查询控件

在调用一些 Px 图形设计用的包时,可以点击 Palette 中如图 1-13 所示的 Preview 按钮,预览所选的图形展示样式。

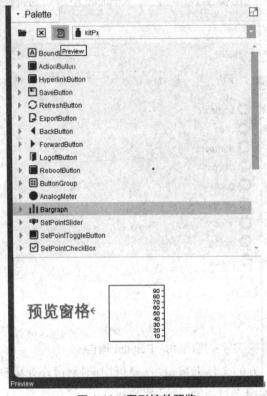

图 1-13 图形控件预览

6. 路径栏

路径栏的左侧为路径,可将路径与 Nav 导航栏中的导航树对应,快速定位开发页面所在位置。路径栏如图 1-14 所示。

图 1-14 路径栏

路径栏的右侧为视图下拉菜单。在该下拉菜单可以看到一个页面的不同视图,是 Niagara 操作中极为常用的功能,如图 1-15 所示。

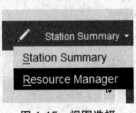

图 1-15 视图选择

技能点三　　Platform 结构

在 Niagara Workbench 中，Niagara Framework 服务被称为 Platform，Niagara Workbench 中建立的项目被称为 Station（站点）。

Platform 的目录结构如图 1-16 所示，其包括 Application Director、Certificate Management、Lexicon Installer、License Manager、Platform Administration、Station Copier、TCP/IP Configuration 和 Remote File System。这些目录选项有各自的功能。

图 1-16　Platform 的目录结构

1.Application Director

Application Director 的作用为启动、停止、重新启动或关闭 Platform 中的项目（站点），其界面如图 1-17 所示。来自站点的输出显示在视图窗格中，便于监控和故障排除。在此界面中可以配置站点的"自动启动"和"故障时重新启动"设置。

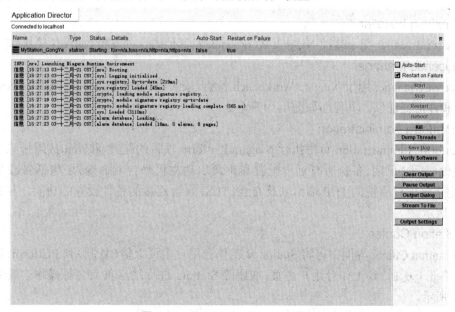

图 1-17　Application Director 界面

在此界面中还可查看站点的服务运行状态以及工作日志,右侧为站点的启动、停止、重启、关闭按钮以及日志窗口的清理、导出操作。

2. Certificate Management

Certificate Management 用于将已签名的 PKI 证书导入平台的密钥存储中和 TLS 安全连接的密钥存储及信任存储中,并执行相关功能。其界面如图 1-18 所示。

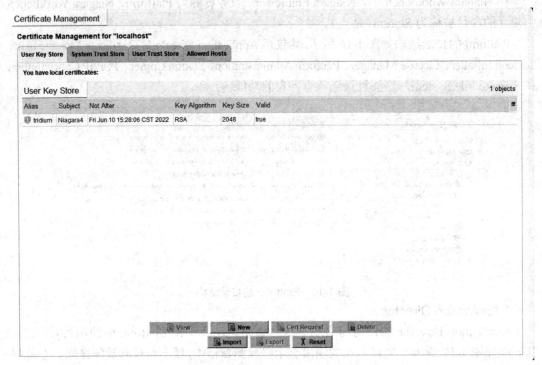

图 1-18 Certificate Management 界面

3. Lexicon Installer

Lexicon Installer 用于修改 Niagara Workbench 对其他语言的支持,如汉化等操作。

4. License Manager

License Manager 用于 Niagara Workbench 检查、安装、保存或删除 Niagara Platform 上的许可证和许可证证书。其界面如图 1-19 所示。

5. Platform Administration

Platform Administration 负责执行 Niagara Platform 项目的配置、状态和故障排除。其中包括更改时间/日期、备份所有远程配置和重新启动主机平台的命令,还包括修改平台用户、指定平台项目监视的 TCP 端口以及安全(TLS)平台连接的各种设置的功能。其界面如图 1-20 所示。

6. Station Copier

在 Station Copier 界面中可将 Station 从工作台用户主页上传(复制)到 Platform,以及将 Station 备份(复制)到工作台用户主页,或删除 Station,进行站点重命名等操作。其界面如图 1-21 所示。

项目一　Niagara 框架介绍与安装

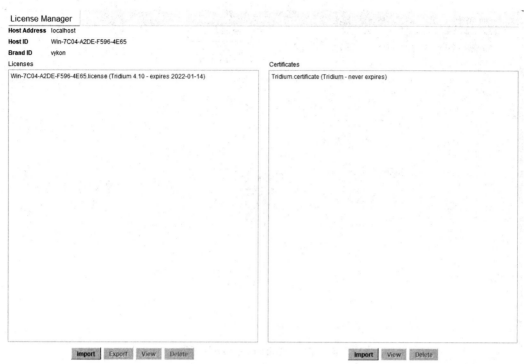

图 1-19　License Manager 界面

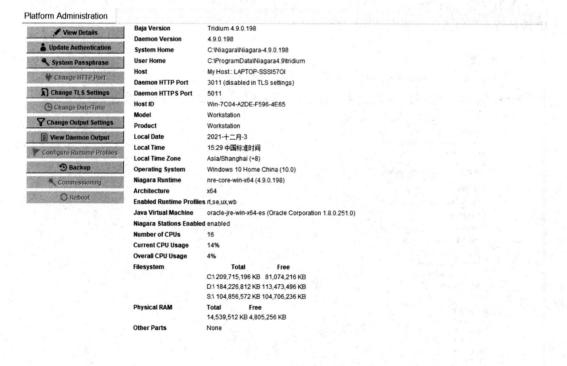

图 1-20　Platform Administration 界面

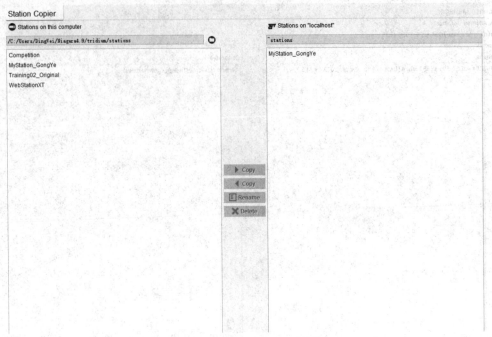

图 1-21　Station Copier 界面

7. TCP/IP Configuration

在 TCP/IP Configuration 中可进行 Niagara 服务的网络适配器的检查和配置，例如网口 IP 地址查看和修改。其界面如图 1-22 所示。

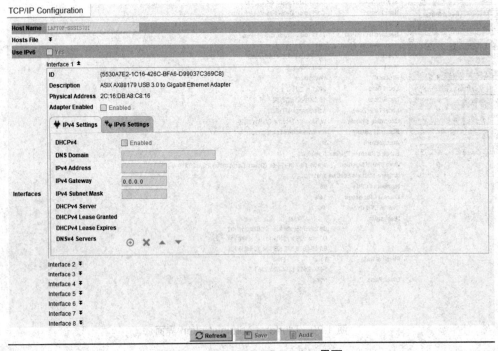

图 1-22　TCP/IP Configuration 界面

8.Remote File System

Remote File System 界面可对 Platform 上的文件夹和文件进行只读访问,包括其系统主页(Sys Home)和用户主页(User Home)下的所有文件,如图 1-23 所示。

图 1-23　Remote File System

Niagara Workbench 4 分为 Windows 系统版本和 Linux 系统版本,在此讲述的是 Windows 版 Niagara 4.9 版本的安装过程,分为安装和授权两个部分。

在 Niagara 安装前,请确保电脑配置了用户账号和密码,在 Niagara 的使用中需要 PC 的用户名和密码,如没有,需要提前设置。

(注:Windows 系统推荐使用 Windows 10 及以上系统版本。)

第一步:解压 Niagara 4.9 的安装包,解压后的文件内容如图 1-24 所示。

名称	修改日期	类型	大小
dev	2021/11/9 13:24	文件夹	
dist	2021/11/9 13:24	文件夹	
docs	2021/11/9 13:24	文件夹	
install-data	2021/11/9 13:24	文件夹	
modules	2021/11/9 13:24	文件夹	
overlay	2021/11/9 13:24	文件夹	
Installer_x64.exe	2020/6/16 21:09	应用程序	520 KB
Niagara_4_Developer-4.9.0.198.zip	2021/7/28 12:38	ZIP 文件	1,011,868 KB
Uninstaller_x64.exe	2020/6/16 21:09	应用程序	424 KB

图 1-24　Niagara 4.9 安装包解压文件

第二步:根据系统,选择 installer_64(64 位安装)或 installer_32(32 位安装),双击打开安装程序,进入 Niagara 简介页面,直接单击"下一页",进入如图 1-25 所示的界面。

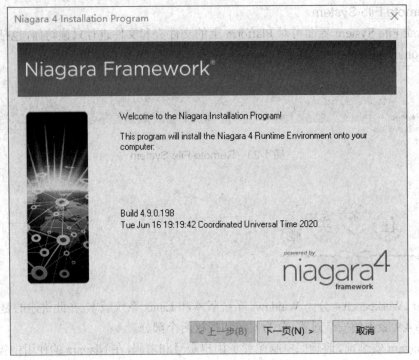

图 1-25　Niagara 4.9 安装

第三步：进入 Niagara 用户协议页面，选择"Yes"，单击"下一页"，如图 1-26 所示。

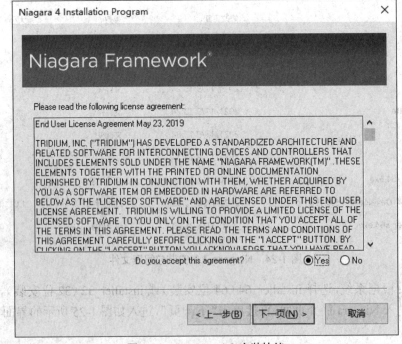

图 1-26　Niagara 4.9 安装协议

第四步：选择 Niagara 的安装目录，建议不要更改，直接单击"下一页"，如图 1-27 所示。

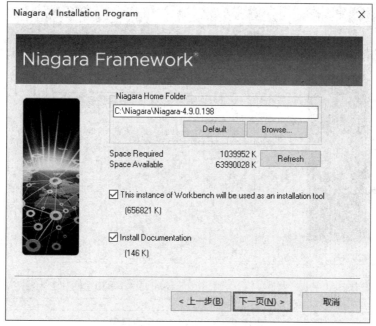

图 1-27　Niagara 4.9 安装目录

第五步：弹出如图 1-28 所示的提示窗口，询问是否创建安装目录，选择"是"。

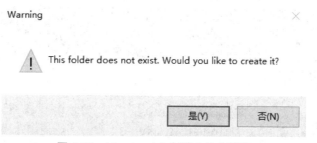

图 1-28　Niagara 4.9 创建文件夹弹窗

第六步：如图 1-29 所示，选择 Niagara 的用户目录，用于存储用户的信息和用户项目，这里仍然推荐使用默认目录，直接单击"下一页"。

第七步：如图 1-30 所示，勾选生成桌面图标等，单击"下一页"进入安装阶段；等待安装完成，单击"完成"，结束 Niagara Workbench 的安装，如图 1-31 所示。

第八步：查询 Host ID。

Niagara 作为商业软件，在安装后需要申请授权才能使用。在 Niagara 首次启动时会生成如图 1-32 所示的弹窗，其中包含 Host ID 数据，接着弹出一个浏览器页面。如果没有浏览器页面弹出，则访问 https://axlicensing.tridium.com/license/request。

Niagara 首次启动时出现的弹窗如图 1-32 所示。

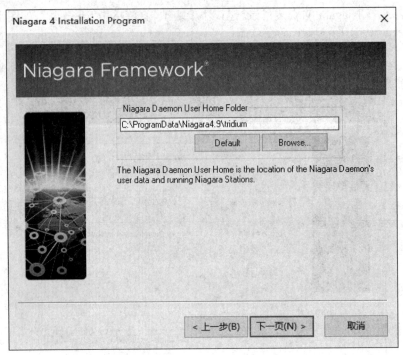

图 1-29　Niagara 4.9 用户目录

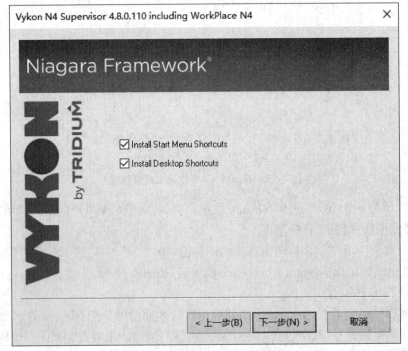

图 1-30　Niagara 4.9 安装选项

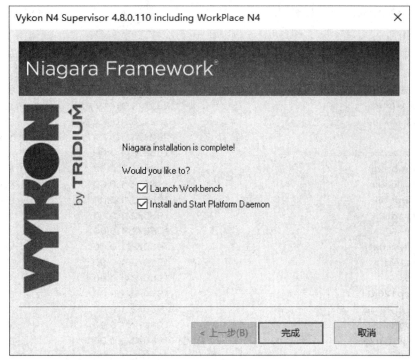

图 1-31　Niagara 4.9 结束安装

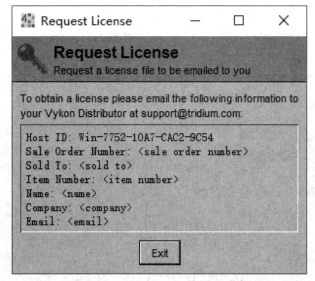

图 1-32　Niagara 4.9 Host ID 弹窗

注意：一台机器拥有唯一的 Host ID，一台 PC 的授权码不可用于其他 PC！

Niagara 安装完成后初次打开会显示 Host 信息的弹窗（图 1-32），若未自动填充到浏览器弹窗中，可以手动输入。

关于 Host ID 不显示或没有弹窗等找不到 Host ID 的问题，可以参考如下操作进行解决。

如图 1-33 所示,需要找到 Niagara 的安装目录(默认安装目录):C:\Niagara\Niagara-4.9.0.198\bin。

名称	修改日期	类型
ext	2021/6/10 15:27	文件夹
install-data	2021/6/10 15:27	文件夹
META-INF	2021/6/10 15:27	文件夹
tests	2021/6/10 15:27	文件夹
x86	2021/6/10 15:27	文件夹
alarmDialog.dll	1980/2/1 0:00	应用程序扩展
common.dll	1980/2/1 0:00	应用程序扩展
console.exe	1980/2/1 0:00	应用程序
cppunit.dll	1980/2/1 0:00	应用程序扩展
dsfspi.dll	1980/2/1 0:00	应用程序扩展
gradlew	1980/2/1 0:00	文件
gradlew.bat	1980/2/1 0:00	Windows 批
hdbt.exe	1980/2/1 0:00	应用程序
lon.dll	1980/2/1 0:00	应用程序扩展
msvcp120.dll	1980/2/1 0:00	应用程序扩展
msvcr120.dll	1980/2/1 0:00	应用程序扩展
n4mig.exe	1980/2/1 0:00	应用程序
niagarad.exe	1980/2/1 0:00	应用程序
njre.dll	1980/2/1 0:00	应用程序扩展

图 1-33　C:\Niagara\Niagara-4.9.0.198\bin

找到图 1-33 中的 console.exe,双击打开,页面如图 1-34 所示。

图 1-34　console.exe

输入 wb,并按回车键,这时 Niagara 会启动,然后就得到图 1-35 中的信息,即包括 Host ID 数据。

项目一　Niagara 框架介绍与安装

图 1-35　Host ID 数据

能看到有一个 "Win-" 开头的文本，即 Win-7 C04-A2DE-F596-4E65，这就是本机的 Host ID，将其填入图 1-36 所示的浏览器的激活码申请页面中即可。

第九步：申请授权。

在图 1-36 中 Host ID 为图 1-32 或图 1-35 中提供的本机的 Host ID，License Key 为 0008-8982 F-FB980-0100，Name 与 Company 不可使用中文字符，E-mail 为申请人的电子邮箱，填写后单击 "Submit" 提交。

图 1-36　授权申请界面

申请后，邮箱会收到一封提示邮件，告知已收到申请，如图 1-37 所示。

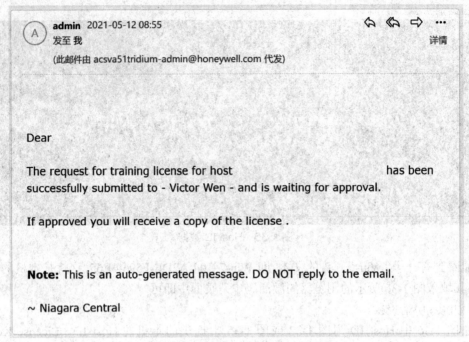

图 1-37　授权申请后自动回复的邮件

第十步：授权回复。

申请审核通过后，授权码将以附件的形式被发送至申请人提供的邮箱。申请通过的回复一般会在一个工作日内给出，回复邮件中的附件包含授权文件，样式如图 1-38 所示。

图 1-38　授权申请通过后的回复邮件

第一个 license 文件是需要的授权码，将该授权码文件保存到本地，放到 C:\Niagara\Niagara-4.8.0.110\security\licenses 目录下，即可启动并正常进入 Niagara。

注：由于 Tridium 公司对该软件的管理发生的变动，一些申请可能需要教师来做，一切

以实际情况为准!

第十一步：运行 Platform。

启动 Platform，打开 Niagara，在左侧的 Nav 导航栏中右键单击 My Host，选择 Open Platform，如图 1-39 所示。

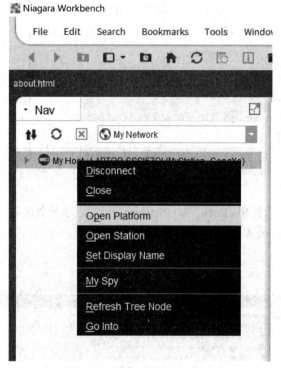

图 1-39　选择 Open Platform

执行以上操作后，即可看到如图 1-40 所示的弹窗，弹窗中会显示 PC 的设备名。

图 1-40　Platform 弹窗

单击"OK"，弹出如图 1-41 所示的登录窗，这里的用户名即是本机 PC 的用户名和密码，之前所说的 PC 的用户名和密码的要求在这里体现了出来。

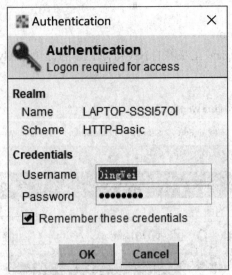

图 1-41　Platform 登录窗

使用本机建立了一个 Platform 后，Platform 可以视为一个运行在本地电脑上的服务，Platform 打开后的 Niagara Workbench 界面如图 1-42 所示。

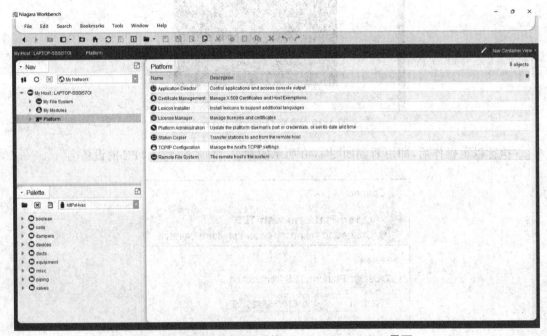

图 1-42　Platform 打开后的 Niagara Workbench 界面

第十二步：若 Platform 登录后显示如图 1-43 所示的页面，说明本地电脑的 Niagara 服务未启动。

项目一　Niagara 框架介绍与安装

图 1-43　问题界面

报错信息为：未连接，请确保服务运行在特定端口。

这时需要在任务管理器的"服务"界面寻找 Niagara 服务。使用快捷键 Ctrl + Alt + Delete 来打开任务管理器，如图 1-44 所示。

图 1-44　任务管理器界面

单击"详细信息"，在"服务"一栏下，找到 Niagara 服务，如图 1-45 所示。

单击鼠标右键选择"开始"，启动 Niagara 服务，如图 1-46 所示，等待其显示正在运行，即可重新打开 Platform。

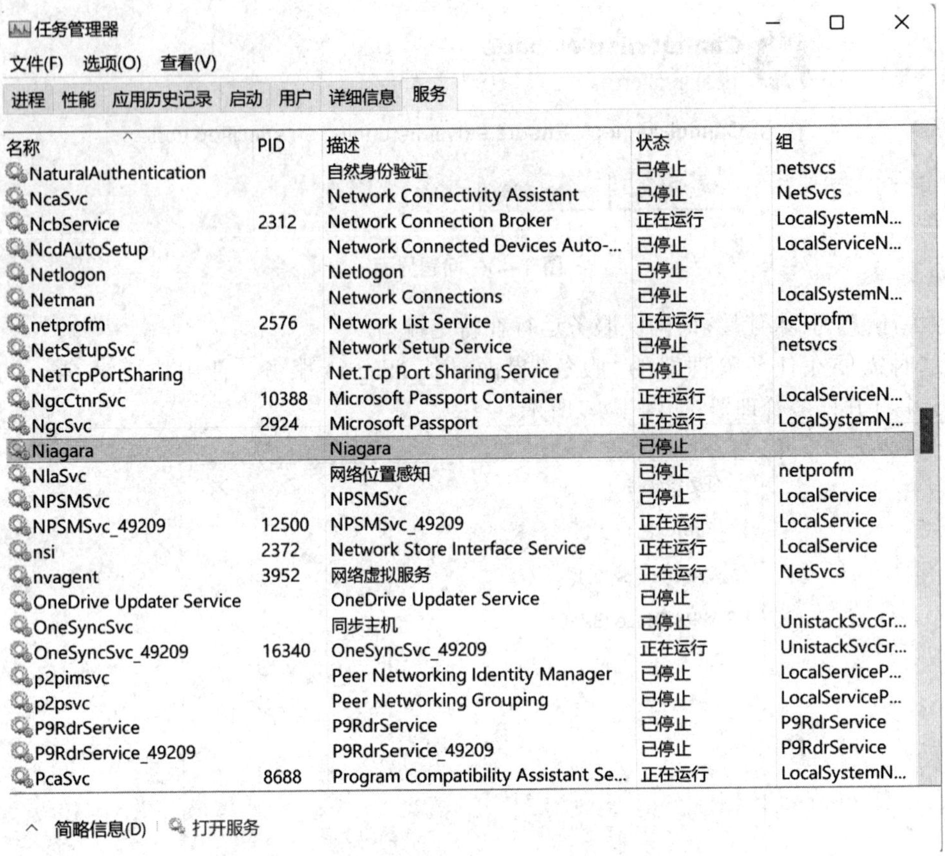

图 1-45 任务管理器“服务”一栏下的 Niagara 服务

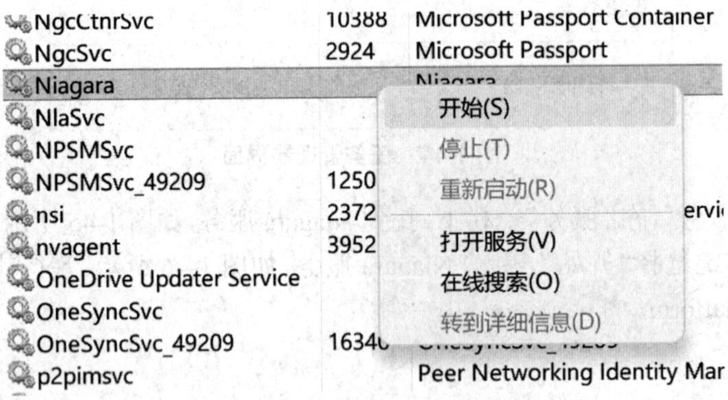

图 1-46 运行 Niagara 服务

通过本次任务实施，学生了解了 Niagara Workbench 界面窗口的使用，熟悉了 Niagara Workbench 中的专有服务 Platform 的应用，掌握了其启用以及各个部分的目录结构及其作用，为后面进行的 Niagara 项目运行提供了环境基础。

选择题

1. 下列说法中错误的是（　　）。
A.Platform 是 Niagara Framework 的项目
B.PC 的 Platform 是使用该机的用户名和密码登录的
C.Windows 系统中 Niagara Workbench 默认的安装路径在 C 盘
D.Platform 是 Niagara Framework 运行的服务

2. 以下不属于 Platform 目录下的内容的是（　　）。
A.Application Director　　　　　　B.Platform Administration
C.User Service　　　　　　　　　　D.Station Copier

3. 下列说法中正确的是（　　）。
A.Niagara Framework 中 Platform 是一个运行在设备上的服务
B.Application Director 可用来删除服务中的项目
C.Palette 中可以查看日志
D.Palette 中可查看 Niagara 服务信息

4. 下列说法中正确的是（　　）。
A.Niagara 服务不能在 Linux 系统上运行
B. 每一台设备的 Host ID 都是唯一的
C.Niagara 的默认安装目录在 D 盘
D.Windows 系统使用 Niagara 无须设置用户密码用于登录

简答题

5. 描述 Niagara Workbench 从安装到启动运行的步骤。

项目二　Niagara 工业互联网系统开发基础

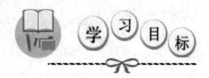

通过对 Niagara Workbench 的学习,了解 Niagara Workbench 界面框架的结构,熟悉 Niagara 项目开发的基本流程,掌握 Niagara Workbench 的使用和站点新建的相关知识,具备站点新建的能力,为后续的实训任务打下基础。在任务的实现过程中:
- 了解 Niagara Workbench 的基本结构;
- 熟悉 Niagara Workbench 的基础知识;
- 掌握 Niagara Station 的新建;
- 能够在 Platform 中运行 Station。

【情境导入】

随着国家信息化的发展,物联网、工业互联网在各处落地,一些工业场景的信息化程度仍然不够。Niagara Framework 在工业互联网中有着比较好的适应能力。本项目将讲述 Niagara Framework 的核心软件——Niagara Workbench。

【任务描述】

- 安装 Niagara Workbench。
- 熟悉 Niagara Workbench 的界面。
- 启动 Platform。

项目二 Niagara 工业互联网系统开发基础

【效果展示】

通过本项目,熟悉 Niagara 中的项目(Station)的结构及其各个部分的作用与功能,了解用户服务以及项目各个 Service 功能,最终在 Niagara Workbench 中新建项目并运行。站点界面如图 2-1 所示。

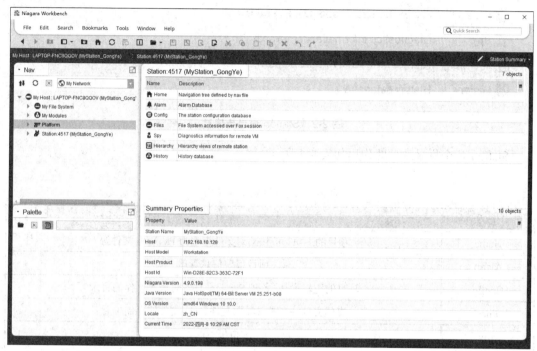

图 2-1 站点界面

技能点一 项目结构

Station 作为 Niagara Framework 的项目,其中包括各种数据通信、用户服务、项目依赖文件等。项目的开发、与硬件设备的对接,都需要 Station 的参与。

1.Station 目录

Niagara 中 Station 的最外层目录有 Home、Alarm、Config、Files、Spy、Hierarchy 和 History 的目录选项。它们在标签页中的显示效果如图 2-2 所示。

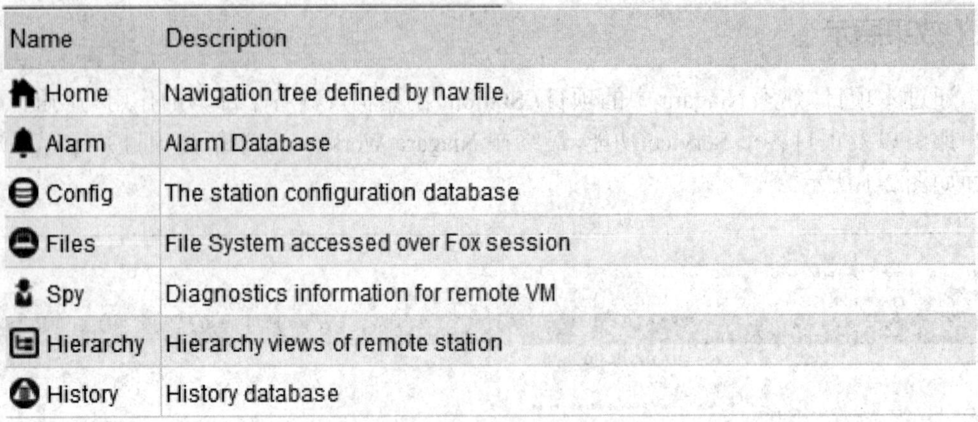

Name	Description
Home	Navigation tree defined by nav file
Alarm	Alarm Database
Config	The station configuration database
Files	File System accessed over Fox session
Spy	Diagnostics information for remote VM
Hierarchy	Hierarchy views of remote station
History	History database

图 2-2 Station 目录与信息

Station 各个目录选项的作用如表 2-1 所示。

表 2-1 站点目录功能作用

目录选项	功能作用
Home	项目的主页，可由 Nav 文件指定为 Px、Web 文件等
Alarm	项目报警信息管理
Config	项目的逻辑设计、各种 Service、设备对接等操作的目录
Files	媒体文件、Px 图形界面文件、Nav 文件的存储位置
Spy	虚拟机诊断
Hierarchy	Station 的层级关系视图
History	Station 的历史数据

2.Config

Config 是项目中的主体，项目所需各种服务、设备的对接通信驱动、数据的获取、设备的逻辑设计、时间表管理以及 App 的开发都位于 Config 中。Config 的目录结构如图 2-3 所示。

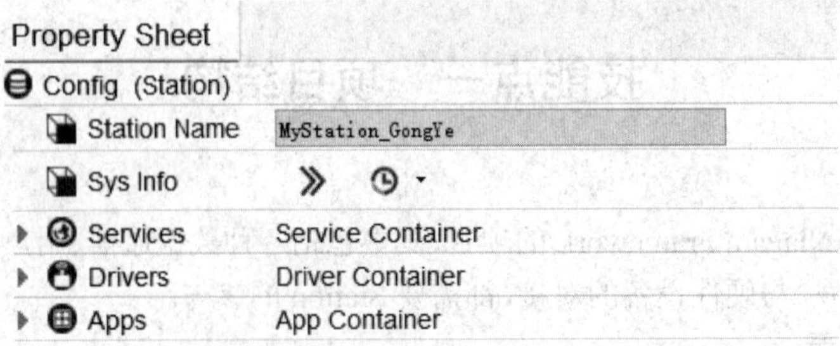

图 2-3 Config 目录结构

Config 中重要的两项为 Services 和 Drivers,其中的 Services 中包括了站点需要的各种服务,Services 的内容如图 2-4 所示。

Service Manager		
Name	Status	Service Type
AlarmService	{ok}	alarm:AlarmService
BackupService	{ok}	backup:BackupService
CategoryService	{ok}	baja:CategoryService
JobService	{ok}	baja:JobService
SecurityService	{ok}	nss:SecurityService; baja:ISecurityService
RoleService	{ok}	baja:RoleService; baja:IRoleService
UserService	{ok}	baja:UserService
AuthenticationService	{ok}	baja:AuthenticationService
DebugService	{ok}	baja:LoggingService; baja:ILoggingService
BoxService	{ok}	box:BoxService
FoxService	{ok}	fox:FoxService
HierarchyService	{ok}	hierarchy:HierarchyService
HistoryService	{ok}	history:HistoryService
AuditHistoryService	{ok}	history:AuditHistoryService
LogHistoryService	{ok}	history:LogHistoryService
ProgramService	{ok}	program:ProgramService
SearchService	{ok}	search:SearchService
TagDictionaryService	{ok}	tagdictionary:TagDictionaryService
TemplateService	{ok}	template:TemplateService
WebService	{ok}	web:WebService
PlatformServices	{ok}	platform:PlatformServiceContainer

图 2-4 Services 的内容

1) AlarmService:报警服务,用于协调框架内的报警路由并维护报警数据库。

2) BackupService:备份服务,提供到本机的 Niagara Workbench 或者本机浏览器(有 Web 配置文件的用户)的完整配置备份。默认新建站点时,站点中已包括备份服务。

3) CategoryService:类别服务,是所有类别的站点容器,这些类别表示逻辑分组,可以将组件、文件和历史记录分配给它们。

4) JobService:工作服务,包含站点中不同进程执行的工作,每个工作都显示为子组件。默认新建站点时,站点中已包括工作服务。在重启站点后,站点中的所有工作都将被清除。

5) SecurityService:安全服务,能够监视证书并为即将过期的证书生成警报,其他具有可配置安全设置的站点服务也可向 SecurityService 报告。

6）RoleService：角色服务，管理 Role Manager 视图，Role Manager 视图用于在系统中设置用户角色。

7）UserService：用户服务，管理所有系统用户，包括人和机器。默认新建站点时，站点中已包括用户服务。

8）AuthenticationService：认证服务，管理用户如何使用身份验证方案向站点验证其身份，一些方案需要配置密码，部分方案则不需要。

9）DebugService：调试服务，可以查看和更改站点进程的日志级别，以便优化 Application Director 中显示的站点输出。

10）BoxService：项目交换服务，是 BajaScript 和站点之间使用的协议。

11）FoxService：标准站点服务，提供当前站点客户端到本地站点的连接状态信息。

12）HierarchyService：层次结构服务，提供为 Niagara 系统创建逻辑导航树的有效方法。层次结构服务允许基于 LevelDefs 的级别定义导航树，而不是在导航文件中定义树的每个元素。

13）HistoryService：历史服务，提供对站点中所有历史的 HTTP 访问，并负责创建历史数据库以及在数据库中收集和存储历史。

14）AuditHistoryService：审计历史服务，该服务将自己注册为系统启动时的系统审计员，并分别监控常规事件和安全相关事件，为每个用户对站点中每个组件发起的更改创建记录。

15）LogHistoryService：缓冲历史服务，维护在站点标准输出中看到的某些消息的缓冲历史记录（LogHistory）。排除故障时，此日志提供最近错误信息的历史记录。

16）ProgramService：编码服务，提供批处理编辑器视图，用于在多个选定组件插槽上启动批处理操作。默认新建站点时，站点中已包括编码服务。

17）SearchService：搜索服务，允许在站点的可选范围内搜索实体。

18）TagDictionaryService：标签字典服务，是站点中配置的所有标记字典的容器。

19）TemplateService：模板服务，为站点中部署的模板提供管理支持，可识别未链接的模板输入、输出和组件关系，并帮助解决。

20）WebService：网络服务，封装了对 HTTP 服务器的访问以及用于通过 HTTP 公开自定义应用程序的程序基础结构。默认新建站点时，站点中已包括网络服务，一个站点中只支持一个网络服务。

21）PlatformServices：平台服务，每个正在运行的站点中都有一个平台服务容器，任何具有管理员级别权限的站点用户都可以访问。

Drivers 是站点与设备交互的驱动，可以根据不同设备的信号类型，使用不同的通信协议，如 Modbus、BACnet、Obix 等。其中包含的通信如图 2-5 所示。

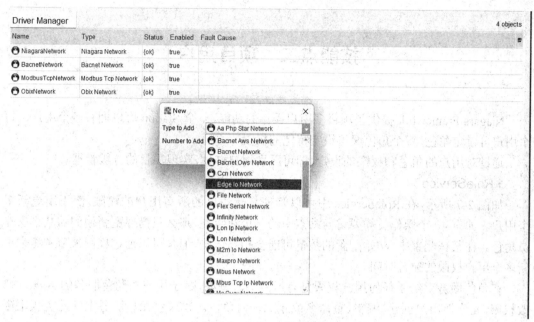

图 2-5　Drivers 通信管理

3.Files

Files 中保存着构建站点需要调用的各种文件，例如 Web 文件、Px 文件（Niagara 专有的图形文件）、图片、音频、数据文件等。Files 页面如图 2-6 所示。

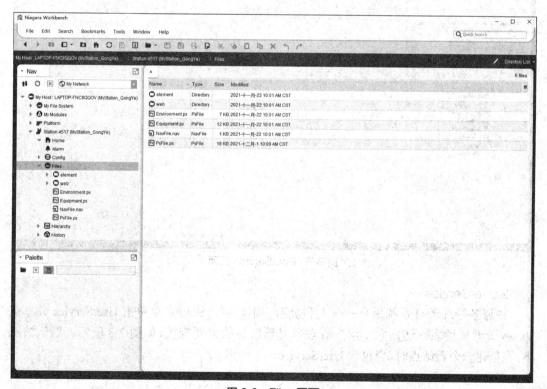

图 2-6　Files 页面

技能点二 项目用户

Niagara Framework 提供了项目多用户操作的功能,一个 Station 可以拥有多个用户。每个用户可设定角色,每个角色又可设定特定的权限。

通过对用户的角色和权限的设定,即可区别用户群体,实现项目的分级管理。

1.RoleService

如图 2-7 所示,在 RoleService 中可以管理具有角色的所有用户的权限,而不用更新多个用户。如有 40 个操作员需要访问站点中的一个新组件,那么只需要更新他们的共享操作员角色。在某些配置中,初始配置的数量可能会稍高一些,但是可以通过权衡来节省将来更新多个用户权限的配置时间。

在角色服务上给予任何用户权限是有风险的。例如,赋予用户对角色服务的 Admin 修改权限,允许该用户创建、编辑、重命名或删除任何角色。建议将角色服务上的此类权限限制给适当授权的用户。

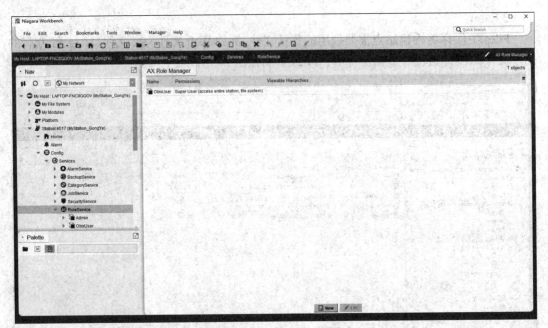

图 2-7 RoleService 页面

2.UserService

该服务管理所有系统用户——人和机器。用户可以通过右键单击 UserService 并单击 Views 查看属性表来访问它。用户管理器是该服务的主要视图,如图 2-8 所示。默认情况下,在创建一个新站点时,会包含 UserService。

项目二　Niagara 工业互联网系统开发基础

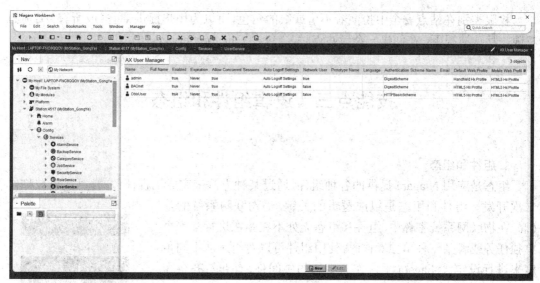

图 2-8　UserService 主要视图

3.CategoryService

该服务是所有类别的站点容器，这些类别代表逻辑分组，可以将组件、文件和历史记录分配给它们。

该服务的默认视图是 Category Browser，如图 2-9 所示，它允许使用站点的可展开树视图将不同的对象集中地分配到对应类别中。CategoryService 还提供一个"类别管理器"视图，供创建、编辑和删除类别。

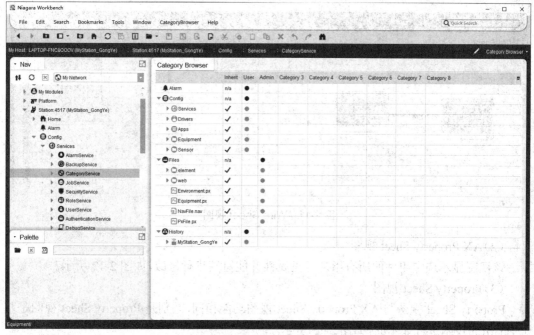

图 2-9　CategoryService 默认视图

权限类别在站点安全中扮演着不可或缺的角色,可以为用户提供某些(或所有)类别的权限。默认情况下,在创建一个新站点时,会包含 CategoryService。

技能点三 逻辑组件和组态

1. 组件和组态

组态是应用 Niagara 提供的各种组件,通过某种方法来完成工程任务的过程,也被称作二次开发。组件和组态是组成逻辑的关键,是物联网系统的基础。在物联网系统整体中,组件和组态无处不在。在进行某一个单独任务或者某一种单独操作时,使用组件可以对组态从不同角度来进行设定。Niagara 平台作为组态的中间件,有非常齐全和强大的功能。

图 2-10 逻辑视图

2. 逻辑视图

在逻辑组态图中,Niagara 提供了多种不同的视图来监测不同的数据,如图 2-10 所示。

(1) Wire Sheet 视图

该视图显示组态间的逻辑关系。站点运行时,视图也会实时更新,可对系统进行维护和检测,在系统调试仿真中经常使用,如图 2-11 所示。

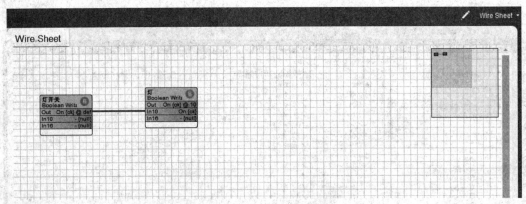

图 2-11 Wire Sheet 视图

(2) AX Property Sheet 视图

该视图显示选定组件的所有用户可见属性并能对其进行修改,如图 2-12 所示。

(3) Property Sheet 视图

Property Sheet 视图与 AX Property Sheet 视图功能相同,区别是 Property Sheet 视图是基于 HTML5 技术进行显示的,如图 2-13 所示。

项目二　Niagara 工业互联网系统开发基础

图 2-12　AX Property Sheet 视图

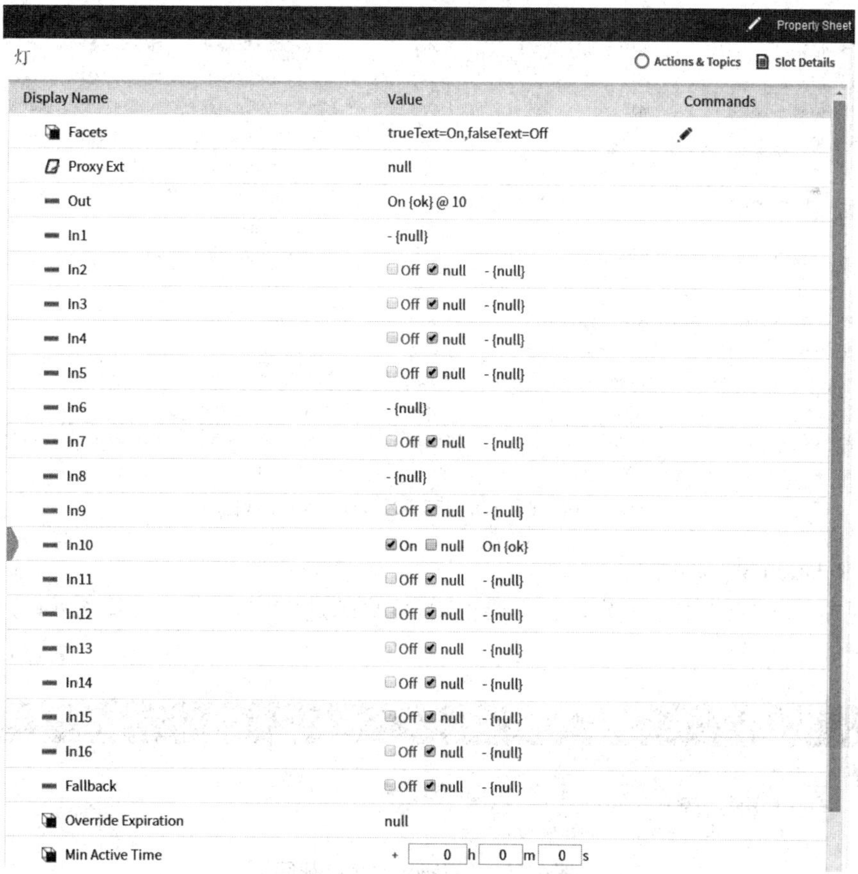

图 2-13　Property Sheet 视图

（4）AX Slot Sheet 视图

该视图显示和编辑插槽 Slot 工作表的详细信息，可对 Slot 的各种操作进行设定和编辑。以灯的设备点位为例，其 AX Slot Sheet 视图如图 2-14 所示。

Slot	#	Name	Display Name	Definition	Flags	Type	Facets
Property	0	facets	Facets	Frozen		baja:Facets	
Property	1	proxyExt	Proxy Ext	Frozen		control:AbstractProxyExt	
Action	2	execute	Execute	Frozen	ha	void (void)	
Property	3	out	Out	Frozen	rtso	baja:StatusBoolean	trueText=On,falseText=Off
Property	4	in1	In1	Frozen	r	baja:StatusBoolean	trueText=On,falseText=Off
Property	5	in2	In2	Frozen	t	baja:StatusBoolean	trueText=On,falseText=Off
Property	6	in3	In3	Frozen	t	baja:StatusBoolean	trueText=On,falseText=Off
Property	7	in4	In4	Frozen	t	baja:StatusBoolean	trueText=On,falseText=Off
Property	8	in5	In5	Frozen	t	baja:StatusBoolean	trueText=On,falseText=Off
Property	9	in6	In6	Frozen	rt	baja:StatusBoolean	trueText=On,falseText=Off
Property	10	in7	In7	Frozen		baja:StatusBoolean	trueText=On,falseText=Off
Property	11	in8	In8	Frozen	r	baja:StatusBoolean	trueText=On,falseText=Off
Property	12	in9	In9	Frozen		baja:StatusBoolean	trueText=On,falseText=Off
Property	13	in10	In10	Frozen	tsL	baja:StatusBoolean	trueText=On,falseText=Off
Property	14	in11	In11	Frozen		baja:StatusBoolean	trueText=On,falseText=Off
Property	15	in12	In12	Frozen	t	baja:StatusBoolean	trueText=On,falseText=Off
Property	16	in13	In13	Frozen	t	baja:StatusBoolean	trueText=On,falseText=Off
Property	17	in14	In14	Frozen		baja:StatusBoolean	trueText=On,falseText=Off
Property	18	in15	In15	Frozen	t	baja:StatusBoolean	trueText=On,falseText=Off
Property	19	in16	In16	Frozen	ts	baja:StatusBoolean	trueText=On,falseText=Off
Property	20	fallback	Fallback	Frozen		baja:StatusBoolean	trueText=On,falseText=Off
Property	21	overrideExpiration	Override Expiration	Frozen	ro	baja:AbsTime	
Property	22	minActiveTime	Min Active Time	Frozen		baja:RelTime	
Property	23	minInactiveTime	Min Inactive Time	Frozen		baja:RelTime	
Property	24	setMinInactiveTimeOnStart	Set Min Inactive Time On Start	Frozen		baja:Boolean	
Action	25	emergencyActive	Emergency Active	Frozen		void (void)	
Action	26	emergencyInactive	Emergency Inactive	Frozen		void (void)	
Action	27	emergencyAuto	Emergency Auto	Frozen		void (void)	
Action	28	active	Active	Frozen	o	void (control:Override)	
Action	29	inactive	Inactive	Frozen	o	void (control:Override)	trueText=On,falseText=Off
Action	30	auto	Auto	Frozen	o	void (void)	

图 2-14　灯逻辑组态 AX Slot Sheet 视图

（5）Relation Sheet 视图

该视图是管理组件之间关系的主要视图，可显示选定组件的关系以及所有链接，如图 2-15 所示。

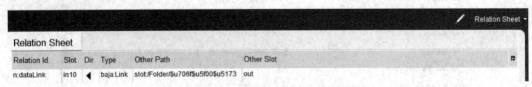

图 2-15　Relation Sheet 视图

（6）Category Sheet 视图

该视图可将用户组分配给一个或多个类别，每个类别都有类别表视图，如图 2-16 所示。

图 2-16　Category Sheet 视图

在 Niagara Workbench 中，项目被称为 Station，也就是站点。站点全部使用英文命名。

当安装完 Niagara Workbench 后，电脑会启动一个名为 Niagara 的服务，该服务运行在电脑的后台中。而新建的项目，也就是站点，会存储在电脑的硬盘里。如要运行这个站点，电脑会将该站点提交给 Niagara 服务，由 Niagara 服务来运行。

第一步：新建站点。

在 Niagara Workbench 中新建站点，单击工具栏中的 Tools，选择 New Station 新建站点（项目），如图 2-17 所示。

第二步：站点命名。

弹出界面如图 2-18 所示，在此界面中可为新建站点命名。注意此处站点名为英文，不能有空格。为站点命名后选择"Finish"，Station Templates 选择 NewControllerStation.ntpl。

图 2-17　新建站点

图 2-18 站点命名

第三步：设置站点的用户名和密码。

默认设定用户名为"admin"，单击"Set Password"，默认将密码改为"Admin12345"。注意区分 Platform 与站点的密码。在界面下面的三个选项中选择第二个，即新建完站点后将其拷贝到 Platform 服务器，如图 2-19 所示。

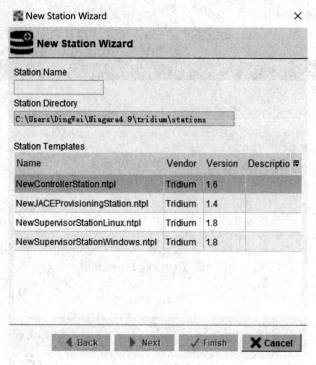

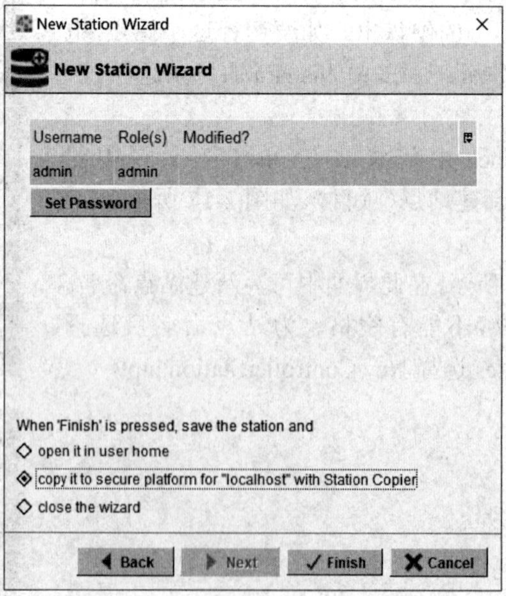

图 2-19 设置站点用户名与密码

注意：新建的站点是保存在本地的，只有将它上传到 Platform 才能运行。

第四步：站点传输。

在图 2-19 中的界面单击"Finish"进入如图 2-20 所示的界面，默认勾选两个选项，继续单击"Next"，然后单击"Finish"即可。

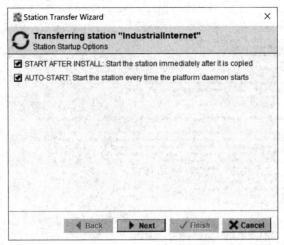

图 2-20　站点自启动勾选

最终的界面如图 2-21 所示，当出现"Transfer complete"（传输完成）的提示时，站点到 Platform 的传输完成。

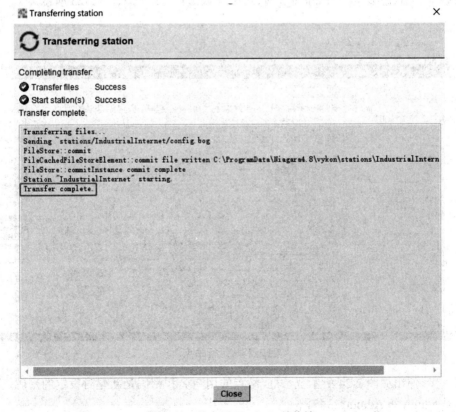

图 2-21　站点到 Platform 的传输

因为前面选择了导入完成后启动站点,所以这时就直接跳到了 Platform 的 Application Director 界面,如图 2-22 所示。

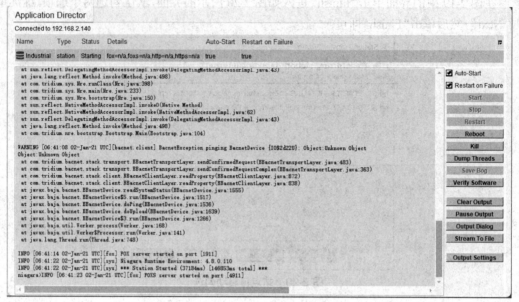

图 2-22 Application Director 界面

第五步:当状态显示为"Running"时,选中并双击打开站点,如图 2-23 所示。

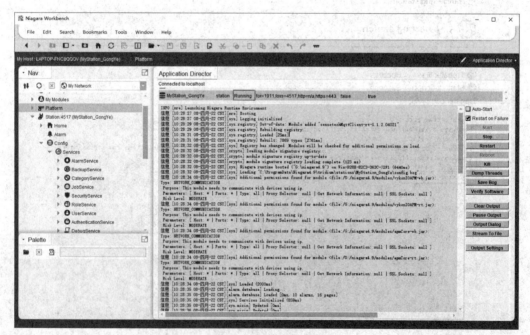

图 2-23 运行站点

第六步:弹出如图 2-24 所示登录框,站点的用户名和密码是新建时设定的密码,在这里使用的是 admin 和 Admin12345。

项目二　Niagara 工业互联网系统开发基础

图 2-24　站点登录

单击"OK",站点打开成功,显示效果如图 2-25 所示。

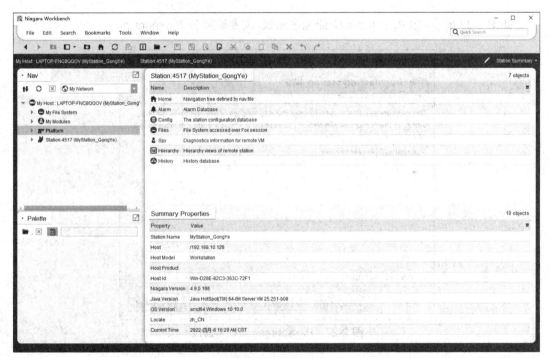

图 2-25　站点页面

站点创建基本完成,在导入有 Passphrase 的站点时需继续进行下面的步骤。

第七步:Passphrase 输入。

来自他人的站点在导入时会出现 Passphrase 验证,输入安装 Niagara Workbench 时的 Passphrase 即可(例:Passphrase123),如图 2-26 所示。

图 2-26 Passphrase 验证

如图 2-27 所示，如 Passphrase 验证无法通过，需要删除掉 Passphrase。

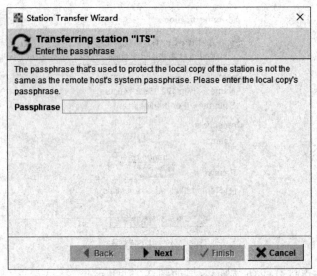

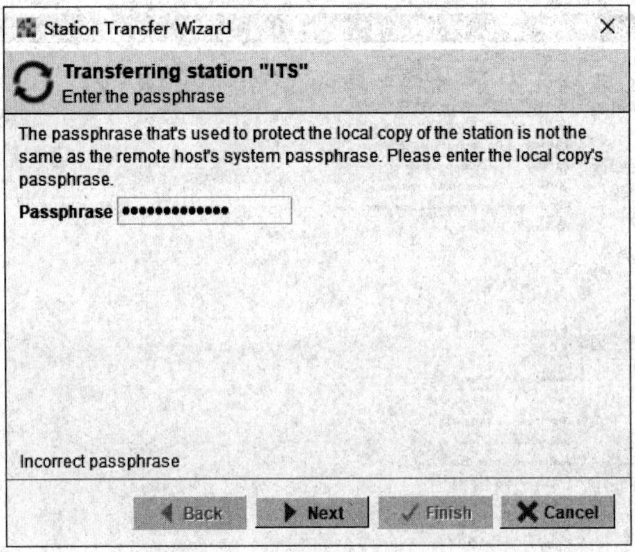

图 2-27 Passphrase 验证未通过

第八步：删除 Passphrase。

在图 2-25 的站点页面的左侧栏中，找到 My Host 下的 My File System，进入 User Home 找到 stations，如图 2-28 所示。

展开 stations，找到要导入的站点的名字并双击，如图 2-29 所示。

双击"config.bog"，进入如图 2-30 所示界面。

注意：工具栏里有一个如图 2-31 所示的"开锁"形状的图标。

第九步：单击该图标，会弹出如图 2-32 所示的弹窗。

项目二　Niagara 工业互联网系统开发基础

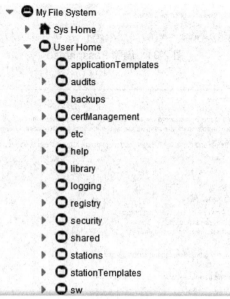

图 2-28　User Home 目录

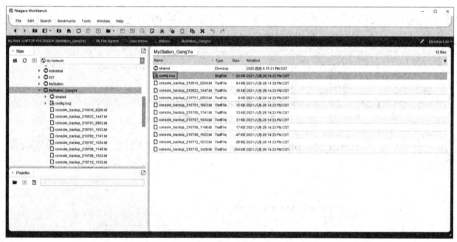

图 2-29　用户目录下的站点

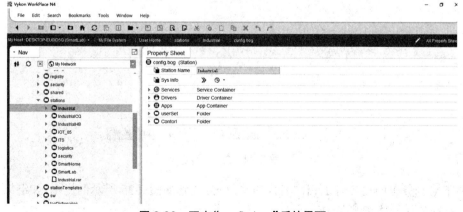

图 2-30　双击"config.bog"后的界面

图 2-31　删除 Passphrase

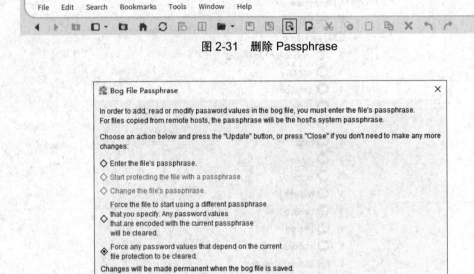

图 2-32　Bog File Passphrase 选项

第十步：选择图 2-32 所示界面下面最后一个选项，单击"Update"，操作到这里注意保存（在工具栏单击图 2-33 所示的保存图标即可！）。

图 2-33　保存操作

第十一步：回到 Platform Station Copier，导入站点，弹出如图 2-34 所示的弹窗，如不修改站点名字，单击"Next"即可。

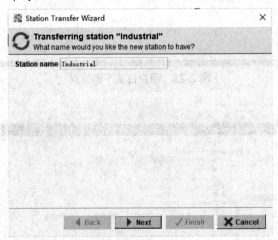

图 2-34　站点导入

如本地服务里面已经有了相同名称的站点，会收到如图 2-35 所示的提示，如继续导入，这个已存在的站点将被删除。

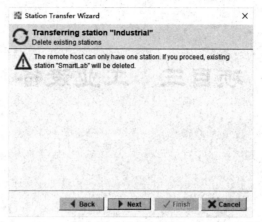

图 2-35　删除站点提示

通过本次任务实施,了解了 Niagara Workbench 新建项目及其配置、站点目录结构,初步熟悉掌握了 Niagara Workbench 的使用与站点新建。依靠这些基础,学生即可展开后续实训任务的学习。

选择题

1. Niagara 中可以看作工程项目的是(　　)。
A.Platform　　　　B.Station　　　　C.Services　　　　D.NiagaraNetwork
2. 对 Niagara 站点进行启动、重启等操作,要在 Platform 中的(　　)进行。
A.Application Director　　B.License Manager　　C.Station Copier　　D.Remote File System
3. 下面是 Niagara 中的站点的 Config 下存在的目录的是(　　)。
A.Services　　　　B.Drivers　　　　C.Apps　　　　D.History
4. 在 Niagara 中用于图形展示界面的文件后缀是(　　)。
A..ps　　　　B..px　　　　C..html　　　　D..js

判断题

5. 要将电脑上存储的站点上传到 Platform 中,应该在 Platform 中的 Station Copier 中,将站点从左到右操作。(　　)

简答题

6. 描述 Niagara 如何新建站点并将站点上传到 Platform。

项目三 工业设备

通过对 Niagara 的学习,创建一个智慧工业项目中的工业设备部分,了解智慧工业项目设备的逻辑控制,熟悉基础设备和开关点位的数据类型,掌握设备逻辑设计的方法,具备添加历史数据记录和统计运行时间的能力。在任务的实现过程中:
- 了解智慧工业的基础控制逻辑;
- 熟悉基础点位的数据类型;
- 掌握设备及开关的逻辑组态搭建方法;
- 具备添加历史数据记录和统计运行时间的能力。

【情境导入】

在收到有关工业设备的大量需求时,可能会感到事情繁多,无从下手。在工业物联网中,我们可以组态的形式为设备制作逻辑图,将需求分步并以直观的方式显现出来。本项目主要对设备及开关的点位、逻辑设计以及扩展的历史数据记录和运行时间统计功能进行讲解。

【任务描述】

- 创建对应数据类型的设备及开关点位。
- 使用 Palette 中的插件设计逻辑图。
- 添加历史数据记录和统计运行时间。

【效果展示】

通过本项目,完成智慧工业中设备的组态逻辑搭建,其效果如图 3-1 所示。

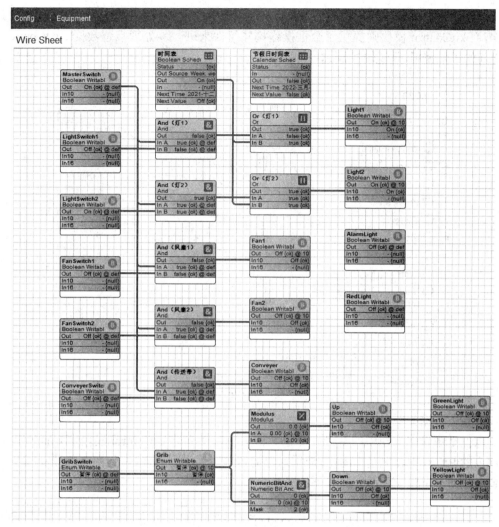

图 3-1　设备逻辑控制图

技能点一　设备及开关点位

1. kitControl 模块简介

Palette 中的 kitControl 模块是设备逻辑组态搭建中的重要模块。kitControl 模块包含各种组件，可与点位结合使用，如图 3-2 所示。逻辑图中创建的点位从应用设备中读取或写入数据，而 kitControl 模块则提供了数据操作构建组件来进一步处理点位数据。kitControl 组件之间的搭配使用，是逻辑控制建模的关键。

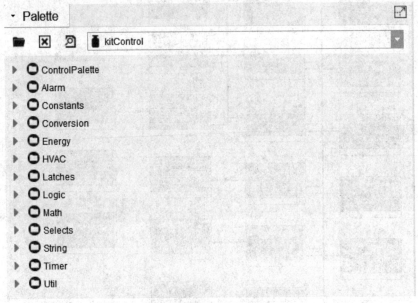

图 3-2　kitControl 模块

2. 点位数据类型

点位是逻辑图构建中的基础。点位数据类型选择位于 kitControl 模块中 ControlPalette 组件内的 Points 中。在逻辑图中，通用对象的点位数据类型有 8 种，如图 3-3 所示。所有的设备集成都基于这 8 种类型的点位数据。

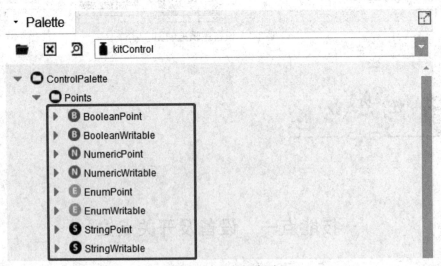

图 3-3　点位数据类型

8 种类型的点位的描述如表 3-1 所示。

表 3-1 点位数据类型

点位类型	点位描述
BooleanPoint	输出为 Boolean,只读
BooleanWritable	输出为 Boolean,可读可写
NumericPoint	输出为 Numeric,只读
NumericWritable	输出为 Numeric,可读可写
EnumPoint	输出为 Enum,只读
EnumWritable	输出为 Enum,可读可写
StringPoint	输出为 String,只读
StringWritable	输出为 String,可读可写

按数据类型分类,点位数据可分为 4 类。

1）Boolean（布尔类型）：只有 true 和 false 两种状态的数据。

2）Numeric（数值类型）：连续的模拟量,有具体数值。

3）Enum（枚举类型）：有超过两种状态,要求所有的状态都是已知、可预测的。

4）String（字符串类型）：各种字符的描述。

按操作方式分类,点位数据可分为两类。

1）Point 类型：只提供信息,但不能对其进行修改的只读数据。

2）Writable 类型：既可以提供信息,又可以对其进行修改的可读可写数据。

如图 3-4 所示是 BooleanWritable 在逻辑图中的表现形式。

图 3-4 BooleanWritable 点位

3. 点位连接方式

在组态的设计、逻辑图的构建中,所有的点位都是在项目 Config 中新建文件夹的 Wire Sheet 视图下创建的,其中可写点的 out 和 in 遵循左进右出的原则进行,如图 3-5 所示。

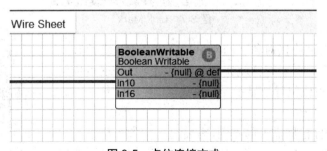

图 3-5 点位连接方式

只需要拖动鼠标对这些点位进行连接就可以完成组态,即图形化编程。在使用 Niagara 的过程中,大部分的组件都可以通过拖动来使用。

在组态连接时,根据场景的不同也有多种连接方法。

（1）直接 Link

在同一目录内，组态之间的连接可以采用直接连接的方式。其方法为单击连接对象，并将其拖到对应的被连接对象上。如图 3-6 所示为灯开关与灯的直接连接。

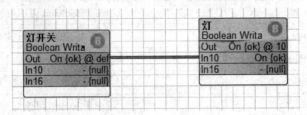

图 3-6　直接 Link

（2）Link Mark

在需要连接的对象不在同一目录内（无法直接 Link）的情况下，连接对象则需要采用 Link Mark 的方法。其方法为右键单击连接对象，选择 Link Mark，如图 3-7 所示。

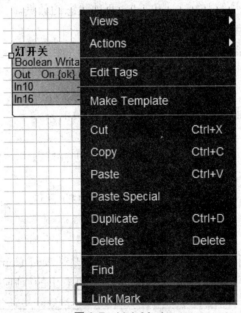

图 3-7　Link Mark

之后右键单击被连接对象，选择 Link Mark From 或者 Link Mark To（根据两者关系），这样就完成了不在同一目录的点位间的连接，连接后的点位位置会显示一个线头，如图 3-8 所示。

图 3-8　Link Mark 点位状态

4. 点位属性

在实际应用时，根据需求的不同，需要对不同的点位配置相对应的属性。在 Wire Sheet 视图中，每个点位都有其属性，即通过 Ax Property Sheet 视图显示，可通过双击点位打开 AX Property Sheet 视图来查看。如图 3-9 所示为一个 BooleanWritable 点位的属性表。

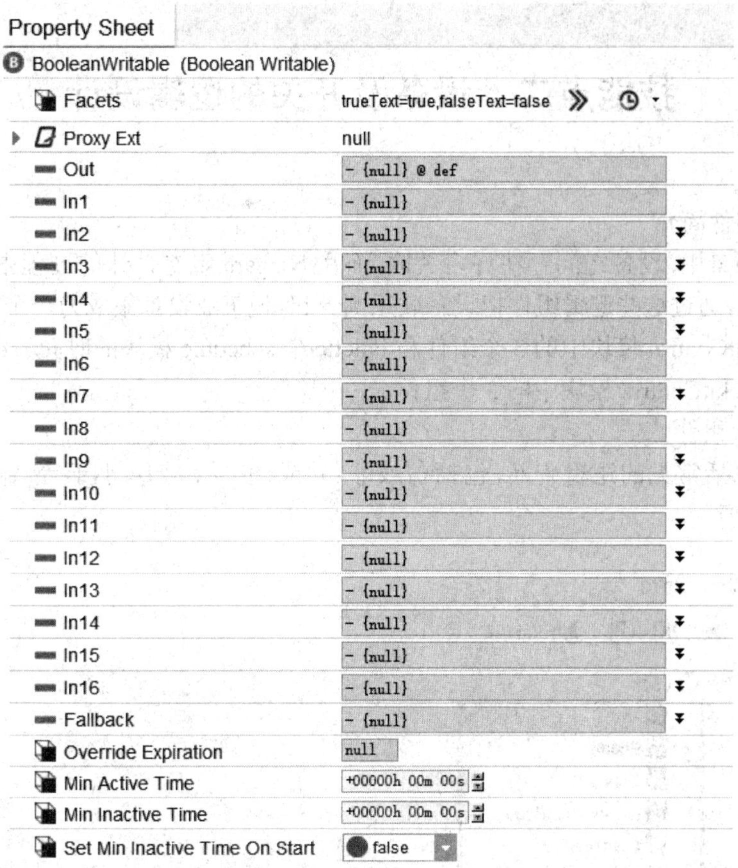

项目三 工业设备

图 3-9 一个 BooleanWritable 的属性表

Facets 可以修改该点位的状态描述；Out 可显示该点位的输出状态；Fallback 可以修改该点位的默认值；这个点位包含了 16 个级别的命令优先级控制，16 个 In 随着优先级从高到低对应数字由小到大，数字越小优先级越高，该点位的输出由接入的优先级最高的输入决定，当高优先级接入时，低优先级接入的数据将被忽略，如果 16 个优先级都为无效输入（并且在 1 级和 8 级上没有动作），Fallback 值将生效。

如图 3-10 所示，连接高优先级 In10 的 BooleanWritable1 被输出。

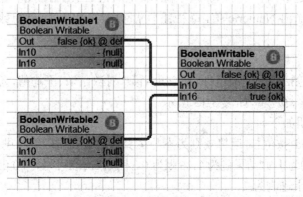

图 3-10 点位优先级示例

技能点二 设备及开关的逻辑设计

1. 逻辑组件简介

在应用场景中,设备之间存在许多关联,而在 Niagara 组态设计的过程中,则需要添加一些逻辑组件,通过这些逻辑组件把设备联系到一起,使工业设备集成为一个整体项目。下面主要介绍 kitControl 模块中的 3 个组件和 Palette 中 schedule 模块的时间表组件。

先来介绍 kitControl 模块中的 3 个组件。

（1）Logic 组件

该组件包括常见的逻辑判断,包括与或非、异或、取反、大于、小于等,输出为 Boolean 值,如图 3-11 所示。

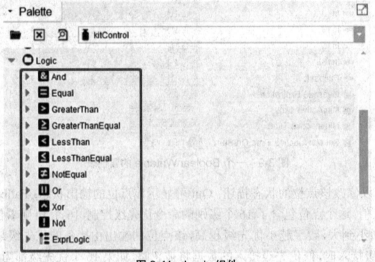

图 3-11 Logic 组件

（2）Math 组件

该组件为数学运算组件,包括加减乘除、取绝对值、三角函数等,用于处理一个或多个 Numeric 输入值并输出 Numeric 值,每种组件都提供了一个特定的数学函数,如图 3-12 所示。

（3）Util 组件

该工具库组件包括一些功能组件,如三角函数、对数函数、平均值,还有按位与、按位或、按位异或这 3 个位运算逻辑,如图 3-13 所示。

位逻辑运算说明如下。

1）NumericBitAnd:按位与,运算规则为参与运算的两数各对应的二进位进行与逻辑运算,对应的两个二进位均为 1,则结果位为 1,否则为 0。例如 6&10 可写为 00 000 110&00 001 010,结果为 00 000 010,十进制为 2。

项目三 工业设备

图 3-12 Math 组件

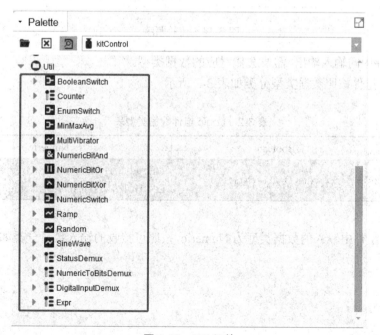

图 3-13 Util 组件

2）NumericBitOr：按位或，运算规则为参与运算的两数各对应的二进位进行或逻辑运算，只要对应的两个二进位有 1 个为 1，则结果位为 1。例如 11||14 可写为 00 001 011||00 001 100，结果为 00 001 111，十进制为 15。

3）NumericBitXor：按位异或，运算规则为参与运算的两数各对应的二进位进行异或逻辑运算，只要对应的两个二进位不同，则结果位为 1。例如 12^19 可写为 00 001 100 00 010 011，结果为 00 011 111，十进制为 31。

2. 逻辑组件属性

对逻辑图中的点位做逻辑组态时，需要选择正确的逻辑关系，选择正确的输入输出数据类型，确定输入输出数量。正确的使用逻辑组件，是组态搭建的前提。在涉及两个及两个以上数值进行逻辑比较或运算时，点位的输入 In1 或 InA 是在逻辑符号左侧进行运算，如图 3-14 所示为 a<b 输出 true。

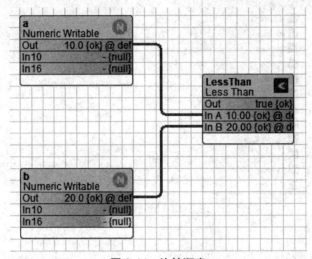

图 3-14　比较顺序

逻辑组件中的输入输出，需要选择对应的数据类型。

1）Logic 组件按照数据类型分类如表 3-2 所示。

表 3-2　Logic 组件数据类型表

数据类型	Boolean	Numeric
组件	And、Or、Xor、Not	Equal、GreaterThan、GreaterThanEqual、LessThan、LessThanEqual、NotEqual

2）Math 组件中输入的数据类型为 Numeric，按照可接收的输入数量分类如表 3-3 所示。

项目三 工业设备

表 3-3 Math 组件可接收输入数量表

输入数量	1 个	2 个	1~4 个
组件	AbsValue、ArcCosine、ArcSine、ArcTangent、Cosine、Exponential、Factorial、LogBase10、LogNatural、Negative、Reset、Sine、SquareRoot、Tangent	Divide、Modulus、Power、Subtract	Add、Average、Maximum、Minimum、Multiply

3）Util 组件中的按位逻辑可将 Numeric 输入值的位等效值和 Mask 掩码的位等效值执行逻辑，多用于逻辑的输入值需要进行进制转换的场景。

3. 时间表模块介绍

在应用场景中，部分设备能够不以开关控制或传感器的检测数据来判断决定开关状态，而是由日常习惯人为地规定启停时间。这种情况在组态中需要使用 Palette 中 schedule 模块中的时间表组件，来实现对设备的定时智能控制，如图 3-15 所示。

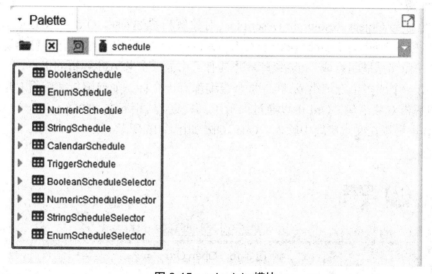

图 3-15 schedule 模块

当在时间表日期内，时间表组件会按照设定执行触发事件或更改输出之类的操作；当在时间表日期外，时间表组件具有一些默认的可配置行为。

schedule 组件大致可以分为 4 类。

（1）WeeklySchedule

WeeklySchedule 按照时间和工作日来定义常规和重复的事件。在 WeeklySchedule 上，还可以配置任意数量的特殊事件（SpecialEvent）。WeeklySchedule 按照数据类型分类可以分为 4 种类型：BooleanSchedule、WritableSchedule、EnumSchedule 和 StringSchedule。

（2）CalendarSchedule

CalendarSchedule 通常用来定义需要特定安排的事件日期，如公共假期和其他特殊假日。可以在 WeeklySchedule 的 SpecialEvent 中引用 CalendarSchedule，从而实现对特殊事件的时间表控制。

（3）TriggerSchedule

TriggerSchedule 为连接的操作或设备提供时间表控制，TriggerSchedule 是用来触发操作的时间表，没有连续输出。

（4）ScheduleSelector

ScheduleSelector 用于控制组件可以选择的时间表。可以使用 ScheduleSelector 组件将预配置的时间表链接到需控制的设备上。通过预先配置的时间表和 ScheduleSelector 组件，可以在想要设置或更改设备时间表时直接从已有的时间表列表中进行选择，不用再次配置时间表属性。

技能点三　历史数据记录和运行时间统计

1.Ord 简介

Ord 全称为 Object Resolution Descriptor（对象解析描述符）。Ord 是 Niagara 通用的识别系统，在整个 Niagara Framework 内使用。Ord 统一并标准化了对所有信息的访问，目的是将不同的命名系统组合成一个字符串，并具有可由大量公共 API 解析的优点。

Ord 由一个或多个查询组成，其中每个查询都有一个标识如何解析和解析对象的方案，以确认和解析对象语句。Ord 可以通过图形工具栏（工具栏下方）的 Open Ord 定位器来直观地显示，也可以在文本字段中输入。Open Ord 如图 3-16 所示。

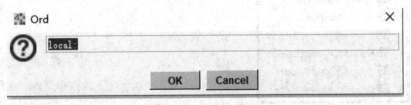

图 3-16　Open Ord

Ord 可以是相对的，也可以是绝对的。相对 Ord 的格式为 slot：绝对 Ord 通常结构如表 3-4 所示。

表 3-4　绝对 Ord 结构

Ord 结构	Host	Session	Space
包含	Ip、dialup	Fox、platform	Station、file、history、view…

1）Host：通常通过 IP 地址标识计算机。
2）Session：标识用于主机通信的协议。
3）Space：标识特定类型的对象。

本地虚拟机是由 local：标识的，Ord 总是将其解析为 BLocalHost.INSTANCE。本地主机既是主机又是会话。

在 Niagara 中，可以在 Ord 中打开 spy：/sysManagers/registryManager/OrdSchemes 来查看已安装的 Ord 方案的完整列表。

2. 历史记录简介

历史记录是时间戳记录的有序集合。历史记录是来自任一本地或远程站点内组件的特定数据值的集合。历史记录可分为两种。

（1）历史服务

该历史服务在站点 Config 的 Services 项目下，支持 3 种服务，如图 3-17 所示。

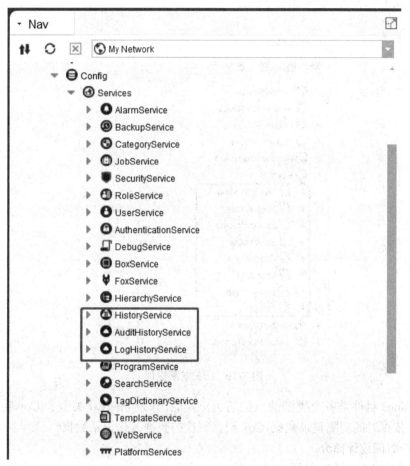

图 3-17 3 种历史服务

1）HistoryService，收集并存储站点数据库中的所有历史，HistoryService 需要为每个站点的历史记录提供数据库支持。

2）AuditHistoryService，监视站点配置。用户对任何组件的属性所做的更改都会创建标准审核事件记录，而对安全相关属性所做的更改将创建其他安全审核事件记录。身份验证时间（登录和注销）也会在历史记录空间中创建安全事件记录。

3）LogHistoryService，收集工作站标准输出中可用的一些消息，从而进行故障排除。

（2）History

History 在站点的项目下，提供了在历史数据库中查看和处理历史的方法，直观表示历史空间，如图 3-18 所示。

运行历史记录后，可以使用历史记录 Ord 访问数据库中的历史记录。每个站点历史记录 ID 是唯一对应的。站点名称历史标识所有历史记录集合。

Niagara 为点位准备了历史记录的功能扩展，这些历史记录包括各个时间段数值的统计、开关状态的统计，并且有图标信息展示这些统计数据，扩展为 Palette 中 history 模块的 Extensions 扩展组件，如图 3-19 所示。

图 3-18　History

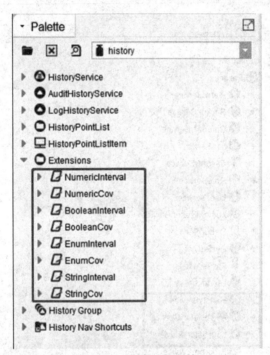

图 3-19　历史扩展组件

Extensions 组件是各个类型的点位的历史功能，分为 Interval 类型和 Cov 类型两种，其中 Interval 依据时间间隔记录数据，Cov 根据每次的数据变化记录数据。

3. 运行时间统计简介

在使用设备的时候，根据需求可能会对设备的运行时间进行统计，kitControl 模块 ControlPalette 中的 Extensions 扩展组件中有对应运行数据统计的组件。扩展组件中的组件对站点的接收值能执行额外处理。

Extensions 扩展组件中有 DiscreteTotalizerExt、NumericTotalizerExt、NullProxyExt 等 3 个组件，如图 3-20 所示。

项目三 工业设备

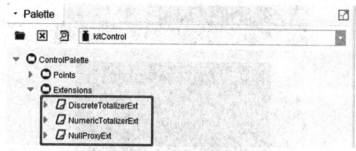

图 3-20 Extensions 扩展组件

这 3 个组件的分类及作用如表 3-5 所示。

表 3-5 Extensions 组件分类表

组件类型	可添加点的数据类型	作用
DiscreteTotalizerExt	BooleanPoint、BooleanWritable、EnumPoint、EnumWritable	累积运行时间和状态改变的计数,并可以重置运行时间和状态改变的计数
NumericTotalizerExt	NumericPoint、NumericWritable	使用每小时或每分钟来累加总计 Numeric 数值,并可以重置总计
NullProxyExt	任意	可由使用者根据需求扩展

通过以上学习,可以了解工业设备逻辑组态搭建的相关知识,学习 Niagara 4 中各种组件的使用方法。在本项目的任务实施中,需要完成工业设备的逻辑组态,创建工业设备中各个设备的点位,包括灯(2 组)、风扇(2 组)、报警灯、三色灯、传送带、电抓手以及这些设备的单独开关和一个总开关,当电抓手上行时三色灯的绿灯亮,当电抓手下行时三色灯的黄灯亮;之后为灯添加时间表控制、节日表控制,为报警灯添加历史记录,为灯、风扇和传送带添加运行时间统计。下面是具体操作步骤。

第一步:为设备逻辑图创建一个文件夹。

打开创建的站点,找到并右键单击 Config,选择 New,之后再选择 Folder,如图 3-21 所示,在弹出的窗口中将该文件夹命名为 Equipment,即为工业设备逻辑组态创建的文件夹。双击新建的 Equipment,打开后右侧显示的即为它的 Wire Sheet 界面。

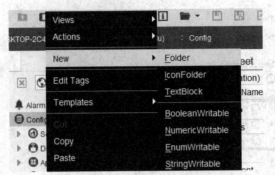

图 3-21 创建文件夹

第二步:创建设备点位。

在逻辑设计图中,需为实际应用所用到的设备创建模型组态。在本任务中先创建出灯、风扇、报警灯、三色灯、传送带、电抓手这些设备的点位。其中大多数设备只有开启或关闭两种状态,而电抓手则有上行、停止、下行 3 种状态。

在工具栏中,单击 Side Bars 图标,在下拉菜单中勾选 Palette,如图 3-22 所示,打开左边的 Palette(左下方默认开启 Palette)。

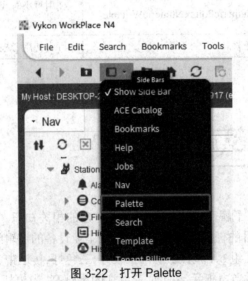

图 3-22 打开 Palette

在左侧打开的 Palette 侧栏中单击 Open Palette 图标,如图 3-23 所示。

图 3-23 Open Palette

在弹出的 Open Palette 窗口的 filter 中输入 kitControl,在下方找到 kitControl,如图 3-24 所示,双击它以打开 kitControl 模块。

项目三 工业设备 63

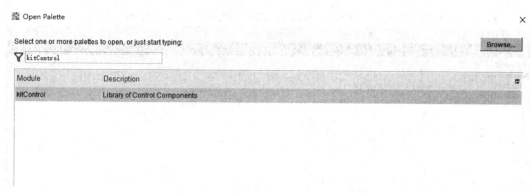

图 3-24 找到并双击 kitControl 模块

在 kitControl 中，展开 ControlPalette，之后再展开 Points。在本任务实施中，只有开和关两种状态的设备属于布尔类型对象，将使用 BooleanWritable 点位；而有 3 种状态的电抓手，则使用枚举类型的 EnumWritable 点位。

从 Points 中选中 BooleanWritable，将其拖入右面 Wire Sheet 中，总共拖入 9 个 BooleanWritable 点位，将其分别命名为 Light1、Light2、Fan1、Fan2、RedLight、GreenLight、YellowLight、AlarmLight、Conveyer。然后再从 Points 中选中 EnumWritable，将其拖入右面 Wire Sheet 中，将其命名为 Grib。结果如图 3-25 所示。

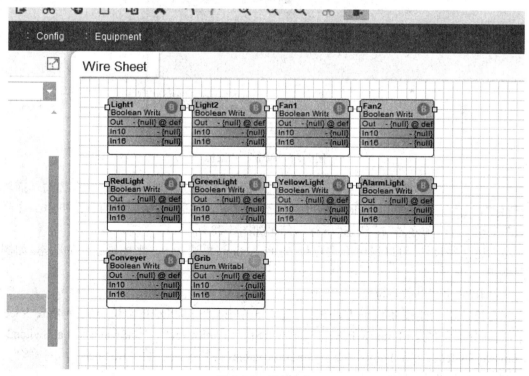

图 3-25 设备点位

第三步：对 9 个 BooleanWritable 点位进行设置。
双击逻辑图中的 9 个 BooleanWritable 点位，打开 AX Property Sheet 界面，更改 Facets

设置，将 tureText 的 Value 改为 On，将 falseText 的 Value 改为 Off，如图 3-26 所示。

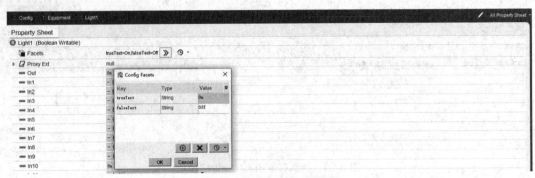

图 3-26　点位 Facets 配置

第四步：对电抓手 EnumWritable 点位进行配置。

双击 Grib 点位，打开 AX Property Sheet 界面，单击更改 Facets 设置，再单击弹出窗口 Config Facets 中 range 值右侧的"…"图标，如图 3-27 所示。

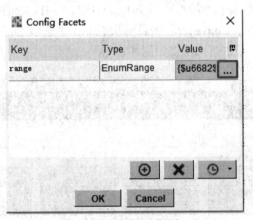

图 3-27　单击"…"图标

之后单击">>"按钮进行参数设置，在图示标注位置左边输入序号"0"，右边输入描述"暂停"，然后单击下面的"Add"，就可以将暂停状态添加进去，用同样的方法再添加序号"1"状态"上行"和序号"2"状态"下行"，结果如图 3-28 所示。

上述这些设备，可以通过右击点位，选择 Action，再选择 Set 来控制它们的状态，如图 3-29 所示。

第五步：创建开关点位。

与第二步创建设备点位方法相同，拖入 6 个 BooleanWritable 点位到右面 Wire Sheet 中，将其分别命名为 MasterSwitch、LightSwitch1、LightSwitch2、FanSwitch1、FanSwitch2、ConveyerSwitch。再在 Points 中选中 EnumWritable，将其拖入右面 Wire Sheet 中，并命名为 GribSwitch，如图 3-30 所示。

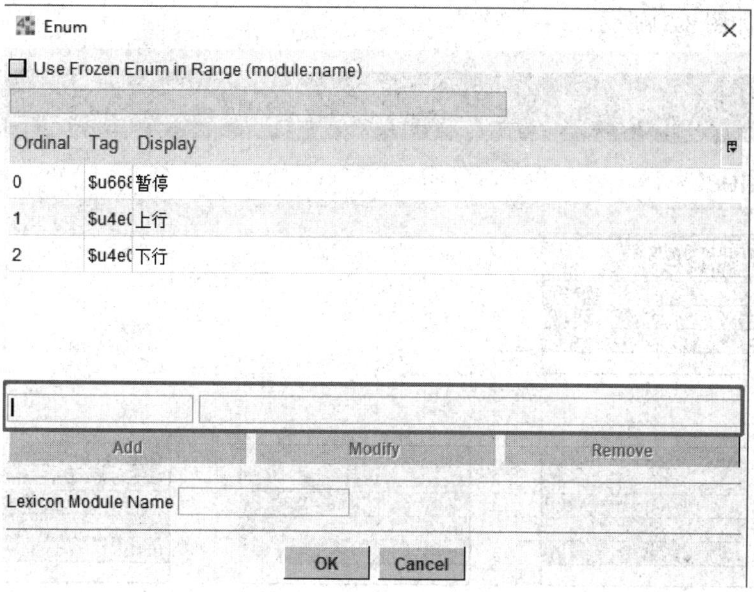

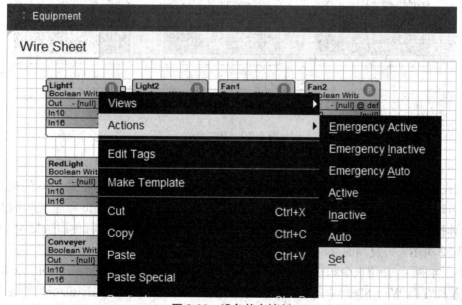

图 3-28 电抓手 Facets 配置

图 3-29 设备状态控制

第六步：控制逻辑组态搭建。

在 kitControl 中，展开 Logic 模块，可以看到各种逻辑组件。对于控制设备的总开关和单独开关，可以使用其中的 And(&)逻辑，拖入 5 个 And 到 Wire Sheet 中，之后连接逻辑图。以 LightSwitch1 为例，将总开关的输出 Out 连接到 And（灯 1）的输入 In A，连接方法为左键点住所连位置并连线到被连位置。再将 LightSwitch1 的输出 Out 连接到 And（灯 1）的输入 In B，此时在输出 Out 可以看到逻辑 And 的结果，最后将 And（灯 1）的输出 Out 连接到设备 Light1 的 In10，至此完成了灯 1 的开关逻辑控制。用同样的方法对其他 4 个设备进行配置，结果如图3-31所示。

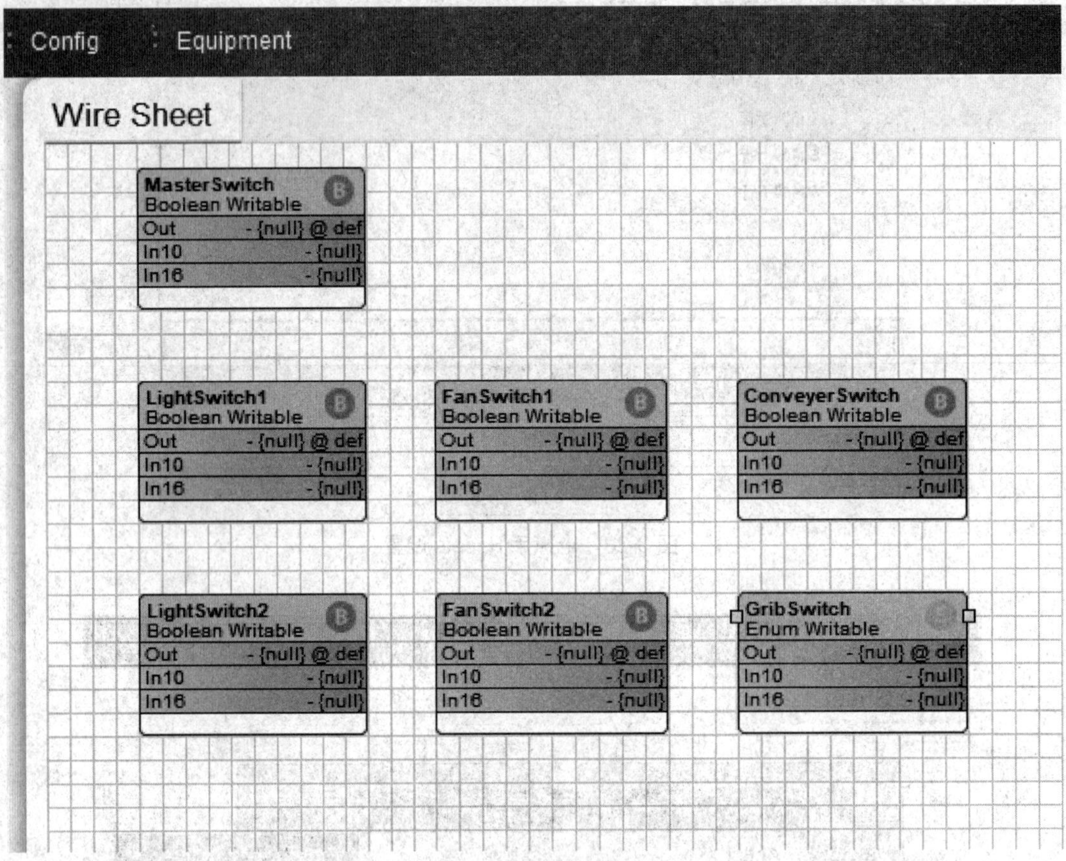

图3-30 开关点位

第七步：设计电抓手逻辑。

首先配置电抓手的独立开关GribSwitch。GribSwitch的配置与之前Grib的配置方法相同，可以根据添加Grib的方法去添加，在这里也可以直接复制Grib点位然后对其重命名，具体操作为右键单击Grib选择Duplicate，或者左键单击Grib同时使用快捷键Ctrl+D，如图3-32所示。将复制的点位重命名为GribSwitch。

对于电抓手，使用取余和按位与两个逻辑。在kitControl中展开Math，选中Modulus并将其拖入右面Wire Sheet中；在kitControl中展开Util，选中NumericBitAnd并拖入右面Wire Sheet中。接下来对Modulus和NumericBitAnd进行设置。首先对Modulus进行设置，双击Wire Sheet中的Modulus，单击In B右边箭头，在下方取消勾选null并将数值改为2.00，如图3-33所示。

之后对NumericBitAnd进行设置，双击Wire Sheet中的NumericBitAnd，单击Mask右边箭头，在下方取消勾选null并将数值改为2，如图3-34所示。

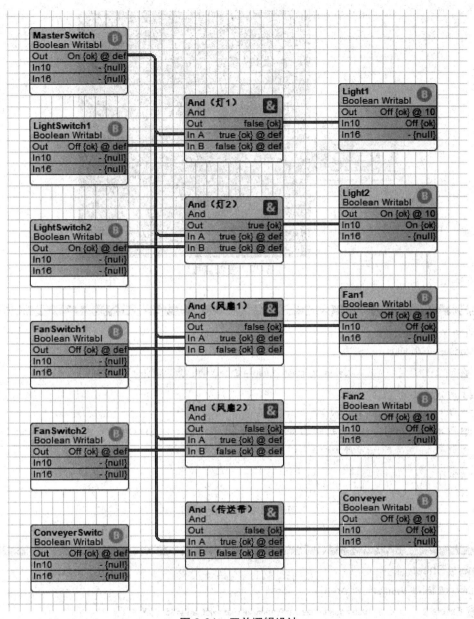

图 3-31 开关逻辑设计

再为电抓手的上行和下行两种状态，添加两个 BooleanWritable 点位，分别命名为 Up 和 Down，并将 Facets 设置为 On 和 Off。

最后将设备与逻辑的输入输出进行连接，先将 GribSwitch 的输出连接到 Grib 的 In10，再将 Grib 的输出 Out 连接到 Modulus 的输入 In A 和 NumericBitAnd 的输入 In。然后将 Modulus 的输出 Out 连接到对应上行 Up 的输入 In10，将 NumericBitAnd 的输出 Out 连接到对应下行 Down 的输入 In10。按照逻辑，电抓手上行时绿灯亮，下行时黄灯亮，将 Up 的 Out 连接到 GreenLight 的输入 In10，下行时黄灯亮同理。结果如图 3-35 所示。

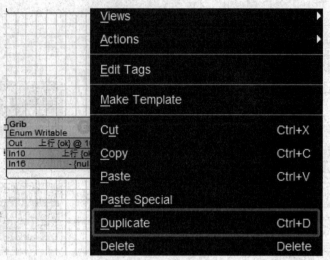

图 3-32 复制点位

Property Sheet

Modulus (Modulus)

Facets	units=null,precision=1,min=-inf,max=+inf	
Proxy Ext	null	
Out	0.0 {ok}	
Propagate Flags	☐ disabled ☐ fault ☐ down ☐ alarm ☐ stale ☐ overridden ☐ null ☐ unackedAlarm	
In A	0.00 {ok} @ def	
In B	2.00 {ok} ☐ null 2.00	

图 3-33 Modulus 设置

Property Sheet

NumericBitAnd (Numeric Bit And)

Facets	units=null,precision=0,min=-inf,max=+inf,radix=16
Propagate Flags	☐ disabled ☐ fault ☐ down ☐ alarm ☐ stale ☐ overridden ☐ null ☐ unackedAlarm
Out	0 {ok}
In	0 {ok} @ def
Mask	2 {ok} ☐ null 2

图 3-34 NumericBitAnd 设置

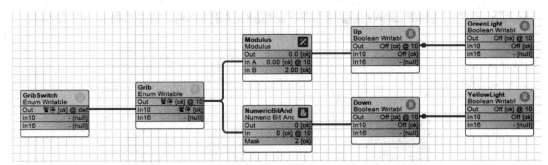

图 3-35　电抓手逻辑设计

第八步：添加时间表模块，设置 Facets。

打开 Palette 中的 schedule 模块，对于灯这个 BooleanWritable 数据类型的点位，在打开的 schedule 中，选择 BooleanSchedule 并将其拖入 Wire Sheet 中，将其重命名为时间表。双击时间表，单击右上方箭头，选择 AX Property Sheet 界面，将 Facets 的 tureText 的 Value 和 falseText 的 Value 分别改为 On 和 Off，如图 3-36 所示。

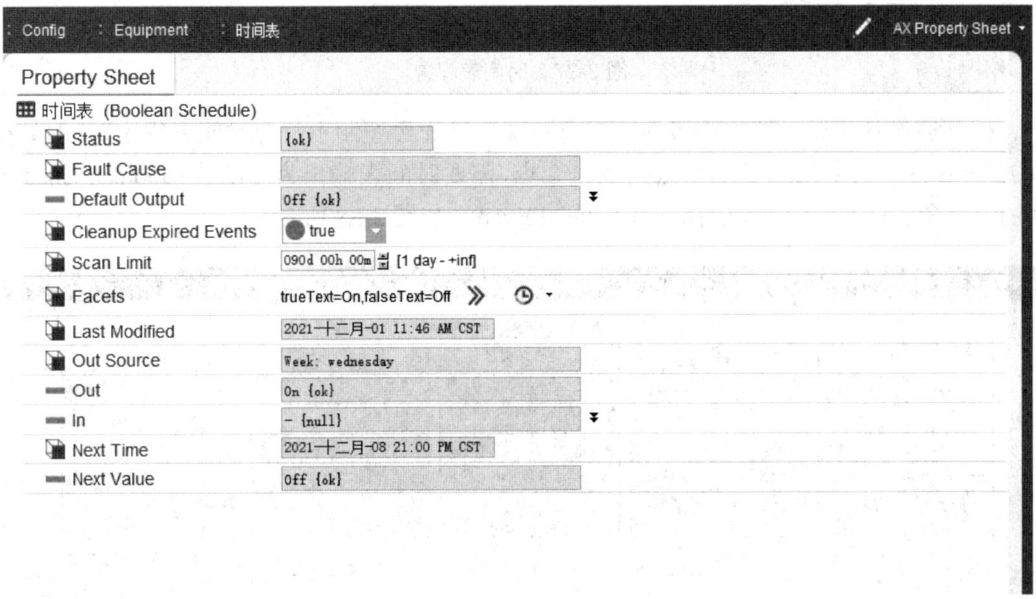

图 3-36　配置时间表 Facets

第九步：添加时间表配置。

先对灯的开关时间进行简单设定。要求灯从周一到周五的早上 8 点到晚上 8 点保持常亮状态并且不受总开关控制，其余时间由开关控制。

双击 BooleanSchedule 打开 AX Scheduler 界面，可以在时间表上采用拉取选择时间段或输入时间段的方式来设定时间，设定好周一的时间后可以在周一时间段右键单击鼠标，选择 Apply M-F，就可以将周一的设定复制到周二至周五，结果如图 3-37 所示。

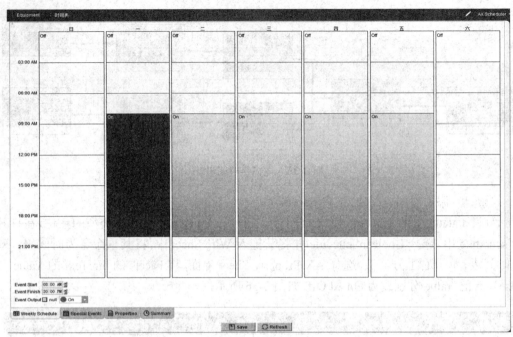

图 3-37 时间表配置

时间表中还可以设置特殊事件。当有特殊事件导致控制不符合时间表规定时，例如在 2022 年 6 月 1 日星期三早上 8 点到晚上 8 点，需要时间表输出为 Off，在 BooleanSchedule 中打开 AX Scheduler 界面，选择下方 Special Events，如图 3-38 所示。

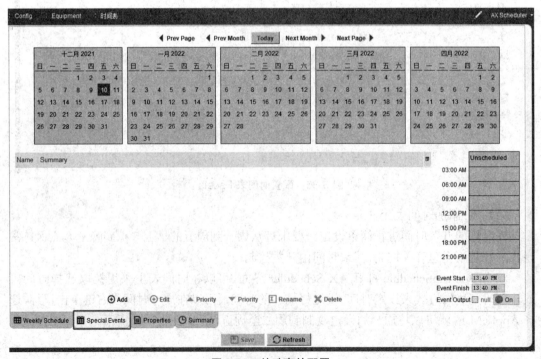

图 3-38 特殊事件配置

单击"Add",将 Name 改为 SpecialEvents,Type 选择 Date,日期改为 2022 年 6 月 1 日,可以按年月日依次选择,也可以通过右方小日历图标来选定,如图 3-39 所示。

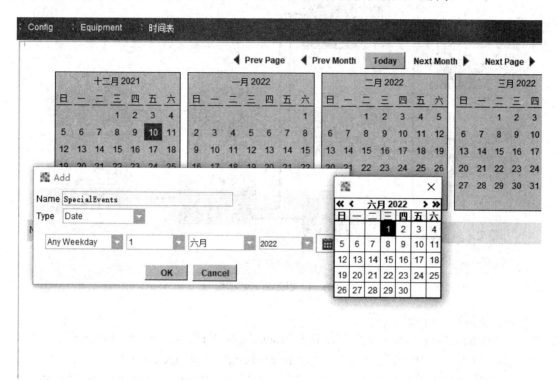

图 3-39 选择日期

选好日期后,选中特殊事件,在其右方选择特定时刻,将早上 8 点到晚上 8 点输出为 Off,让当天的剩余时间保持为 Unscheduled,如图 3-40 所示。

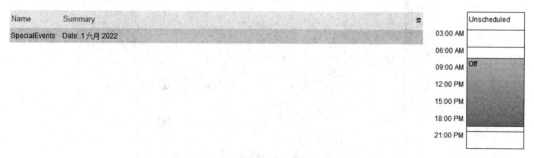

图 3-40 选择时刻与输出

根据逻辑可知,时间表与开关为 Or 逻辑,双击 Equipment,从 Logic 中选中两个 Or 逻辑拖入 Wire Sheet 中,并将其命名为 Or(灯 1)和 Or(灯 2),将时间表的 Out 连接到 Or(灯 1)和 Or(灯 2)的 In A,再将 And(灯 1)和 And(灯 2)的 Out 连接到 Or(灯 1)和 Or(灯 2)的 In B,如图 3-41 所示。

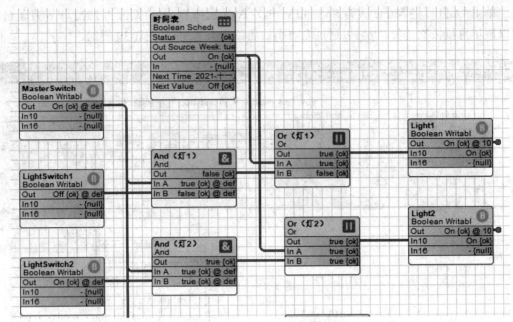

图 3-41 时间表与灯连接

第十步:添加节日表设置。

从 Palette 的 schedule 中,将 CalendarSchedule 拖入 Wire Sheet 中,并将其命名为节假日时间表。以添加"国庆节"为例,双击 CalendarSchedule 打开 AX Calendar Scheduler 界面,单击"Add",将 Name 改为 National Day,Type 选择 Date Range,时间选择为每年的 10 月 1 日到 10 月 7 日,最后单击"OK",如图 3-42 所示。不同类型的时间表控制方式可通过 Type 来修改。

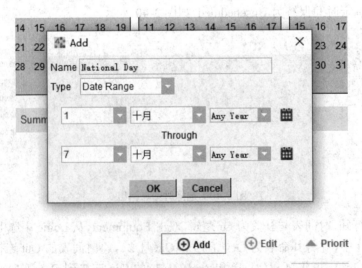

图 3-42 添加节假日时间表

同理,如果要使用节假日时间表,也需要将节假日时间表组件与被控设备及其被控逻辑用 Or 连接。

第十一步：为报警灯添加历史数据记录并对其进行配置。

打开 Palette 的 history 模块，展开 Extensions 组件，双击 AlarmLight 点位，为其添加 BooleanCov 组件（把左侧 Palette 中的 Booleancov 组件拖放在 AlarmLight 上即可），并在 AlarmLight 视图中展开 BooleanCov 组件，如图 3-43 所示。

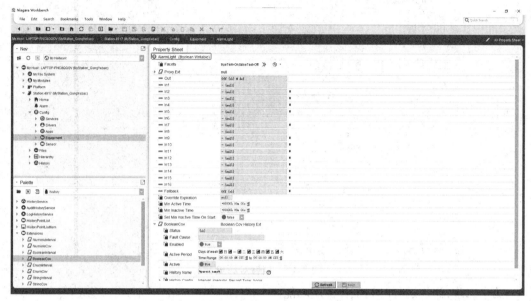

图 3-43 添加 BooleanCov

在展开的 BooleanCov 中将 Enabled 设置为 true，继续展开 History Config，将 Capacity 设置为 500 条记录。

历史可在站点中 Config 内 Services 中的 HistoryService 和站点中的 History 进行查看。展开 History，双击 AlarmLight 以查看历史，如图 3-44 所示。

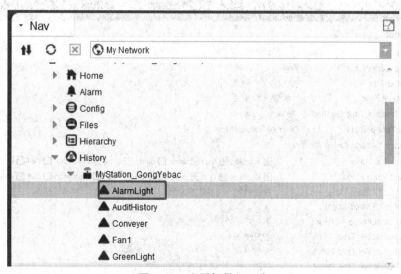

图 3-44 查看报警灯历史

打开后可看到历史图标,可以更改日期范围查看报警,也可更改视图查看其他属性,如图 3-45 所示,可以更改报警灯运行状态来验证报警扩展应用状态。

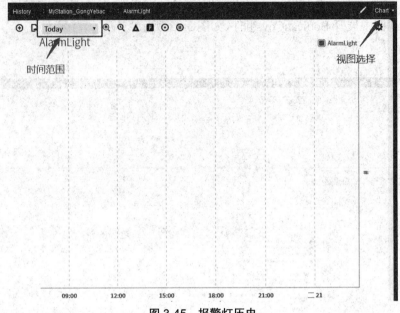

图 3-45　报警灯历史

第十二步:添加运行时间统计扩展功能。

以风扇为例,双击 Fan1 打开 AX Property Sheet 界面,从 kitControl 中,展开 ControlPalette,展开 Extensions,将 DiscreteTotalizerExt 拖入 Fan1 中,展开 DiscreteTotalizerExt,其中可以看到对应设备的状态改变时间、状态改变次数、状态改变重置时间、状态改变重置次数,下面的 Elapsed Active Time Numeric 则为运行时间,如图 3-46 所示。再以同样的方法,给设备灯和传送带添加 DiscreteTotalizerExt 扩展。

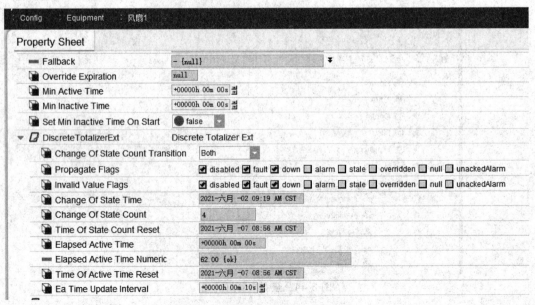

图 3-46　DiscreteTotalizerExt 组件

通过本项目对工业设备的组态搭建,初步了解了设备及开关点位的相关知识,了解并掌握了设备及开关点位逻辑设计和组态搭建,最终能够通过所学的基础知识实现工业设备逻辑图的组态搭建,并加入历史(数据)记录和运行时间统计扩展。

选择题

1. 在逻辑图的 Wire Sheet 视图中,点位连线的进出顺序是( )。
A. 左进右出　　　　B. 右进左出　　　　C. 右进右出　　　　D. 没有要求
2. 进行设备风扇组态设计时应该用( )数据类型。
A.Boolean　　　　B.Numeric　　　　C.Enum　　　　D.String
3. 点位属性表中的 In 输入优先级从高到低的顺序是数字( )。
A. 由大到小　　　　B. 由小到大　　　　C. 优先级相同　　　　D. 大小任意
4. 基础数据类型点位组态应该在 kitControl 中的( )。
A.Alarm　　　　B.HVAC　　　　C.ControlPalette　　　　D.Logic
5.( )服务属于历史服务。
A.HistoryService　　　　　　　　B.AudiHistoryService
C.LogHistoryService　　　　　　D. 以上都属于

项目四 环境监控

通过对 Niagara 的学习，创建一个智慧工业项目中的环境监控部分，了解智慧工业环境监控的整体过程，熟悉智慧工业项目的可视化方法，掌握添加报警信息的方法，具备制作 Px 文件的能力。在任务的实现过程中：
- 了解智慧工业环境监控的整体过程；
- 熟悉智慧工业项目的数据可视化；
- 掌握添加报警信息的方法；
- 具备制作 Px 文件的能力。

【情境导入】

在进行数据展示时，将工业环境监控中的数据一一打开会显得有些麻烦，为了更直观地观察数据，可以将数据可视化，把复杂的数据内容图片化，这样更容易解读数据背后的内容，展示一些价值。

【任务描述】

- 为传感器组态添加报警信息。
- 创建 Px 文件画布，添加 Px 文件所需素材。
- 为工业设备与环境监控制作 Px 文件，并完成数据可视化。

项目四 环境监控

【效果展示】

通过本项目,可以完成智慧工业项目中工业设备和环境监控的 Px 界面的制作,其效果如图 4-1 所示。

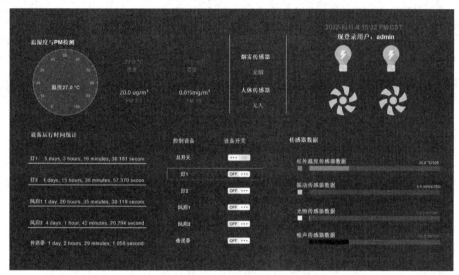

图 4-1 数据可视化

技能点一 报警通知

1. 组态报警简介

报警机制对于组态是非常重要的,对于整个工业互联网也是非常重要的。报警机制可以帮助用户快速识别并定位故障源,从而使用户更快捷及时地发现问题并处理,缩短系统的故障时间,提高生产效率,降低检修成本。在设置了报警机制的监控设备发生异常情况时,报警机制可通知用户,并为其提供生产过程中与系统状态相关的信息。

报警机制可以通知用户设备运行和系统的情况。设备报警是设备出现异常情况的警告,当数据超过规定的限值时或者数据发生异常时会提示报警,并对该次报警记录。系统报警是对相关系统运行错误、通信时有关系统运行错误或故障进行报警。Niagara 中的报警系统会被记录,用户可以通过记录来对设备或系统进行维护。

2. 报警服务

Niagara Workbench 创建的每个站点中都包含一个 AlarmService 组件，AlarmService 也可以在 Palette 中的 alarm 模块中找到，AlarmService 组件用于协调框架内所有报警消息的路由并维护报警数据库，AlarmService 属性表如图 4-2 所示。

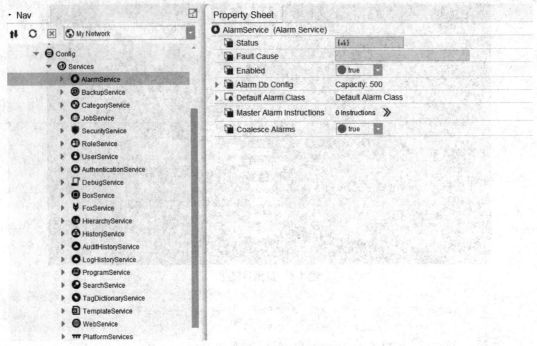

图 4-2　AlarmService 属性表

Status 显示组件的当前状态，分别为 read-only text、ok、disabled、fault，如 Enabled 扩展属性设置为 false，则 AlarmService 将被禁用。Fault Cause 显示系统报警对象无法正常工作（故障）的原因，若无错误，此属性栏为空。Enabled 可以激活或停用系统对象报警组件。Alarm Db Config 提供对数据库配置属性的访问，可以设置报警数据库中存储的报警信息条数，最多存储 250 000 条。Default Alarm Class 可以定义基本报警属性、报警计数，并建立上报优先级。Master Alarm Instructions 可以添加和管理报警指示。Coalesce Alarms 可以更改合并报警的状态。

在添加报警服务时，需要添加两个基础组件，分别是报警种类和报警接收器，这两个组件均可从 Palette 的 alarm 模块中找到。在 AlarmService 中存在一个默认的 Alarm Class，如不额外添加其他种类的 Alarm Class，那么为组态所有设备添加的报警信息都将通过默认的 Default Alarm Class 进入报警接收器，如图 4-3 所示。

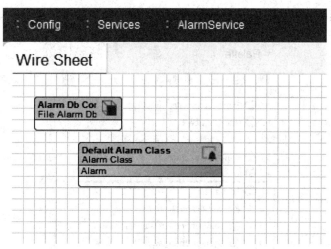

图 4-3 Default Alarm Class

报警种类设定后需要为报警服务添加接收器，即 Recipients 中的 Console Recipient 组件。该组件管理报警历史记录和报警控制台之间的报警传输。在 Console Recipient 的 AX Property Sheet 视图中，可对 Console Recipient 组件属性进行查看和修改，如图 4-4 所示。

图 4-4 Console Recipient 组件属性

其中，Time Range 可以设置该报警服务接收警报从开始到结束的时间范围；Days Of Week 可以指定一周中报警服务开启的具体日期；Transitions 允许选择要在控制台中显示的特定警报，控制台中仅显示选定的警报；Route Acks 可以设置启用或禁用向接收器发送警报确认的路由；Status、Fault Cause 与 AlarmService 组件属性表中的大致相同；Default Time Range 可以根据日期选择要显示的记录。

报警种类和报警接收器，构成了基本的报警服务。

3. 报警扩展

在报警扩展中，根据设置的报警数据类型和报警要求的不同，使用的报警扩展也不同。Palette 在 alarm 模块和 kitControl 模块中提供了 10 种报警扩展，以满足不同的报警需求，

alarm 模块中的报警扩展如图 4-5 所示，kitControl 模块中的报警扩展如图 4-6 所示。

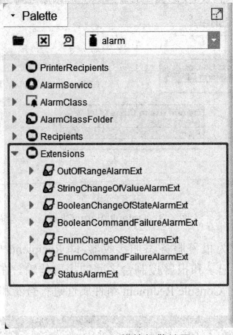

图 4-5　alarm 模块报警扩展

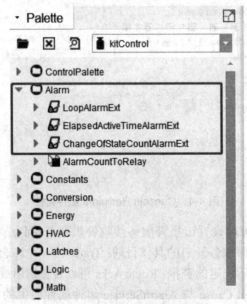

图 4-6　kitControl 模块报警扩展

（1）OutOfRangeAlarmExt

该报警扩展可以添加在数据类型为 NumericPoint、NumericWritable 的点位上，也可以添加在输出为单个具体数值的点位（例如 Math 中的 Add）上。它可以提供基于数值报警上限和下限的报警。

（2）StringChangeOfValueAlarmExt

该报警扩展可以添加在数据类型为 StringPoint 和 StringWritable 的点位上，它根据输入的字符串值的包含或排除提供报警。

（3）BooleanChangeOfStateAlarmExt

该报警扩展可以添加在数据类型为 BooleanPoint 和 BooleanWritable 的点位上，也可以添加在输出为单个布尔输出的点位（例如 Logic 中的 And）上，它将布尔数据的两个状态（True、Fause）之一作为报警条件提供报警。

（4）BooleanCommandFailureAlarmExt

该报警扩展可以添加在数据类型为 BooleanWritable 的点位上，它根据指令值和实际值之间的不匹配提供报警。

（5）EnumChangeOfStateAlarmExt

该报警扩展可以添加在数据类型为 EnumPoint 和 EnumWritable 的点位上，它将枚举的多个状态之一作为报警条件提供报警。

（6）EnumCommandFailureAlarmExt

该报警扩展可以添加在数据类型为 EnumWritable 的点位上，它根据指令值和实际值之间的不匹配提供报警。

（7）StatusAlarmExt

该报警扩展可以添加在任何数据类型的点位上，它根据状态的任何组合（包括空值）提供报警。

（8）LoopAlarmExt

该报警扩展可以添加在 LoopPoint 点位上，它根据受控过程偏离设定点的 LoopPoint 滑动报警限值。

（9）ElapsedActiveTimeAlarmExt

该报警扩展可以添加在数据类型为 BooleanPoint 和 BooleanWritable 的点位上，也可以添加在输出为单个布尔输出的点位（例如 Logic 中的 And）上，但需要这三种点位已添加运行时间属性 DiscreteTotalizerExt 组件。该报警扩展根据累计运行时间（DiscreteTotalizerExt 组件中 ElapsedActiveTimeAlarm 项）提供报警。

（10）ChangeOfStateCountAlarmExt

该报警扩展可以添加在数据类型为 BooleanPoint 和 BooleanWritable 的点位上，也可以添加在输出为单个布尔输出的点位（例如 Logic 中的 And）上，但需要这三种点位已添加运行时间属性 DiscreteTotalizerExt 组件。该报警扩展根据状态变化（DiscreteTotalizerExt 组件中 Change OfStateCount 项）提供报警。

以 OutOfRangeAlarmExt 扩展为例，如图 4-7 所示为 OutOfRangeAlarmExt 报警扩展的属性表视图。

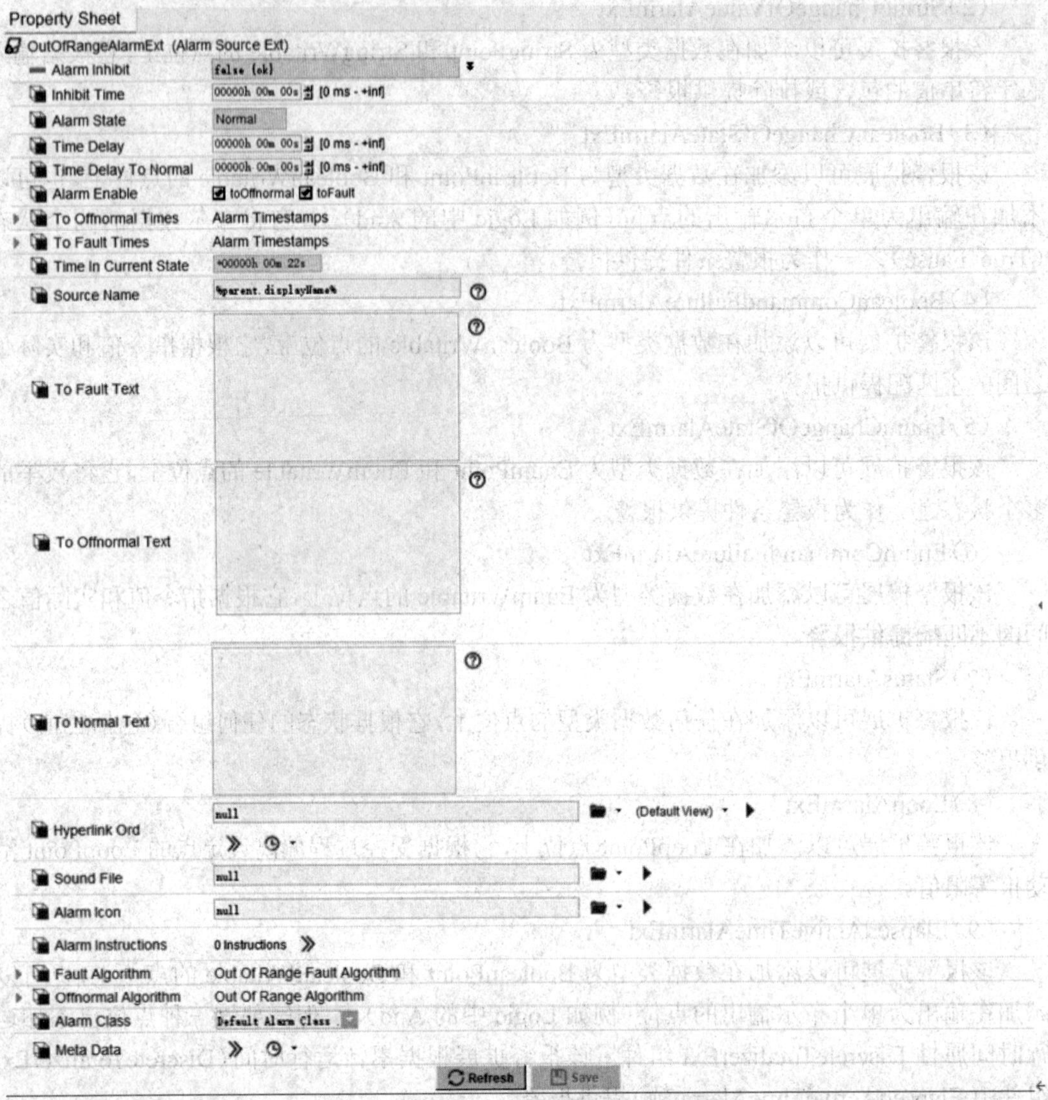

图 4-7 OutOfRangeAlarmExt 报警扩展属性表

该属性表中包括了报警文本、报警时间、报警延迟以及各种报警属性。其中，To Fault Text、To Offnormal Text、To Normal Text 3 个文本框，分别为故障报警文本、非正常状态报警文本、正常状态报警文本。

正常状态和非正常状态指的是数据值阈值内外的报警信息，在阈值内属于正常状态，超出阈值则触发非正常状态的报警。Fault Algorithm 为故障报警设置，如图 4-8 所示。Offnormal Algorithm 为非正常状态报警设置，如图 4-9 所示。

产生报警的点位会以红底白字显示，如图 4-10 所示。

4. 报警查看

添加的报警扩展产生报警后，可在站点的 Alarm 中查看，也可以通过选择站点 Config 中的 AlarmService 的不同视图进行查看。如需查看具体组态设备的报警情况，可以打开对应的报警接收器控制台查看。如图 4-11 所示为 All Alarms 报警接收者的 AX Alarm Console 视图。

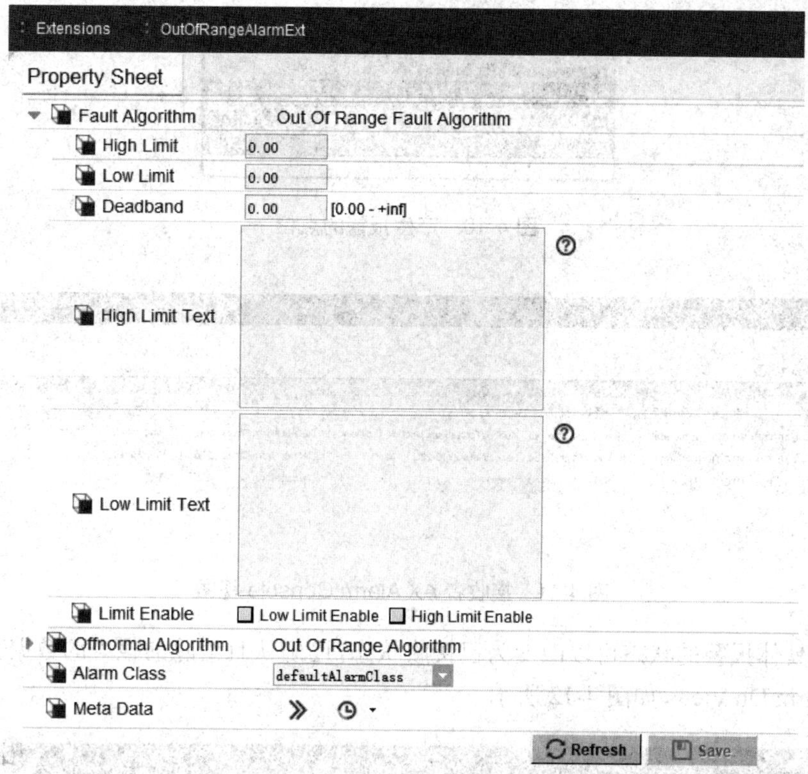

图 4-8 故障报警设置

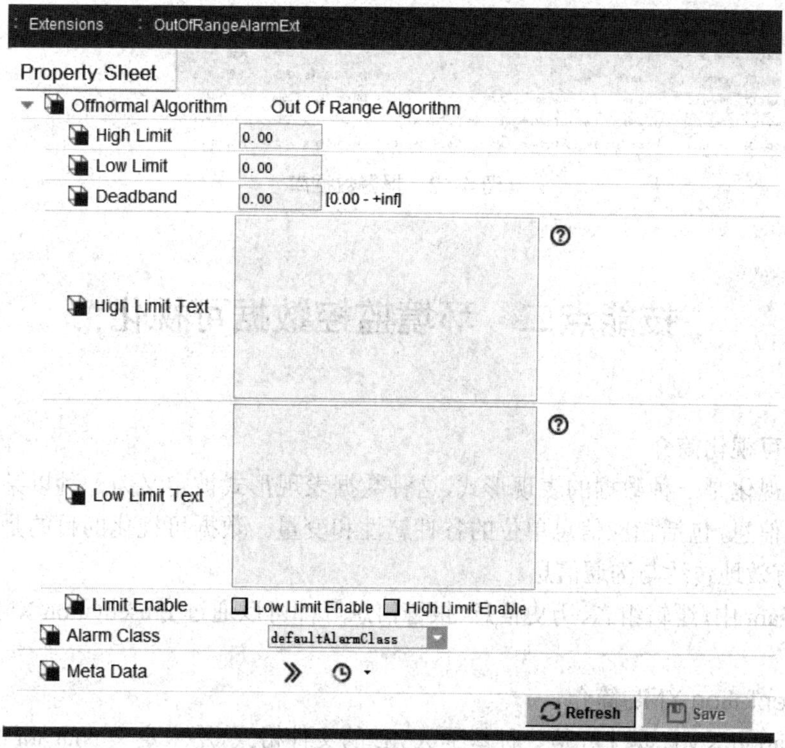

图 4-9 非正常状态报警设置

图 4-10　产生报警的点位

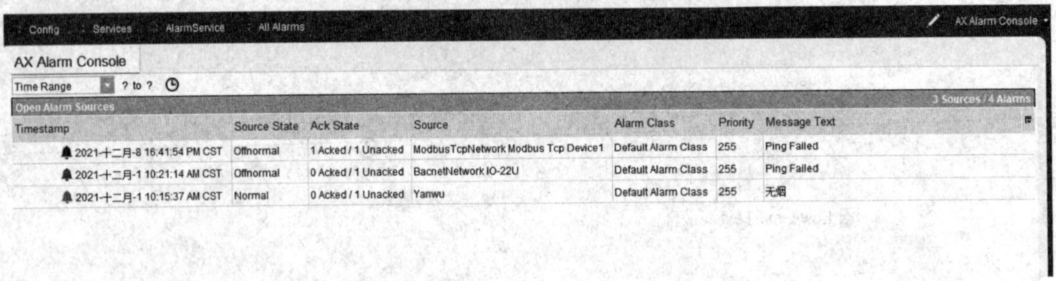

图 4-11　接收者 AX Alarm Console 视图

其中,具体报警的状态可以改变为已接收状态,已确认且消除的报警的数据会进入报警数据库 Alarm Db View,如图 4-12 所示。

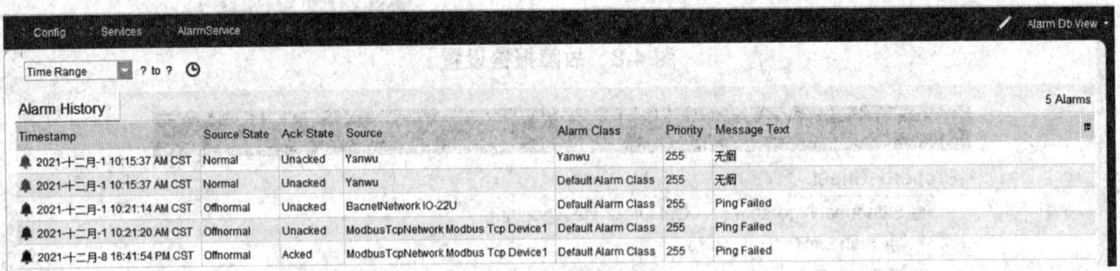

图 4-12　报警数据库

技能点二　环境监控数据可视化

1.数据可视化简介

数据可视化是一种数据的表现形式,这种数据表现形式被定义为一种以某种概要形式抽提出来的信息,包括相应信息单位的各种属性和变量。数据可视化的目的是借助图形化手段,清晰有效地传达与沟通信息。

在 Niagara 中,逻辑组态、历史信息、报警信息等都可以通过 Presentation XML 对数据进行可视化。

2.Presentation XML 简介

Presentation XML,即 Px,是一种基于 XML 的文件格式,用来定义 Niagara 的数据呈现,显示图像所需要的所有信息、控制参数和设计属性。使用 Slot Sheet 视图可以删除或添加

Px 视图。Px 是一种用来将 UI 呈现打包成 XML 文件的技术。

图形界面的自主设计是 Niagara 框架的一大特点,用户可以根据设备与场景需求制作特定的图形界面,用于设备的控制和数据展示。

Niagara 是通过图形界面的开发来完成设备数据的采集显示和设备控制工作的。

技能点三 Presentation XML 设计

1.Px 调色板组件

对于 Px 界面的设计,Palette 调色板中有 5 个模块与 Px 有关,如图 4-13 所示。这些模块提供可视化的组件。编辑 Px 时,这些组件的属性定义可用于控制和信息显示的用户界面功能。

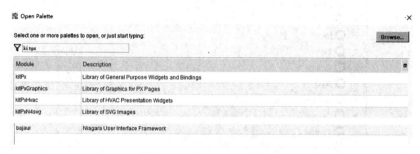

图 4-13 与 Px 相关的模块

1)kitPx:提供 Px 设计中的通用部件和绑定,如图 4-14 所示。

2)kitPxGraphics:提供 Px 设计中的 Px 页图样,如图 4-15 所示。

3)kitPxHvac:提供 Px 设计中关于暖通的部件,如图 4-16 所示。

4)kitPxN4svg:提供 Px 设计中 svg(可缩放矢量图形)格式组件,如图 4-17 所示。

5)bajaui:提供 Px 设计中 Niagara 用户界面框架组件,如图 4-18 所示。

2.Px 控件对象选择

打开 Px 文件时也可选择不同视图,在 Px 设计组态时,一般使用 Wb Px View 和 Px Editor 两个视图。

打开时默认为 Wb Px View 视图,如图 4-19 所示。该视图为 Px 设计最终呈现的可视化效果。

图 4-14 kitPx 模块

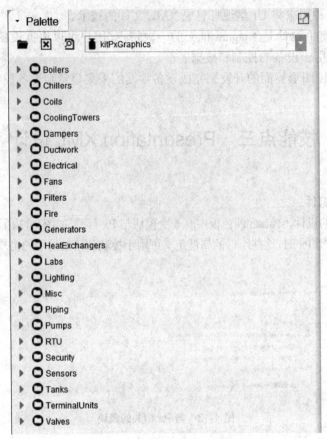

图 4-15 kitPxGraphics 模块

图 4-16 kitPxHvac 模块

项目四　环境监控

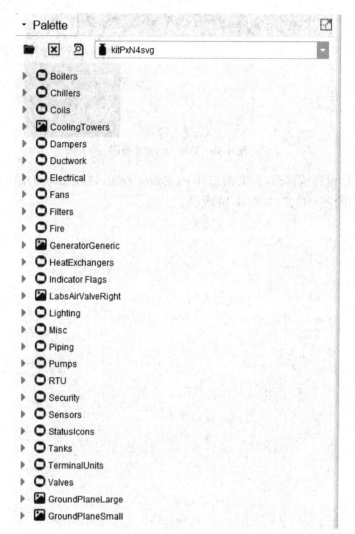

图 4-17　kitPxN4svg 模块

图 4-18　bajaui 模块

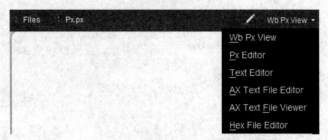

图 4-19　Wb Px View 视图

而对 Px 进行设计或修改时,则需选择 Px Editor 视图,该视图为可编辑的网格界面,右侧显示编辑视图的各个信息,如图 4-20 所示。

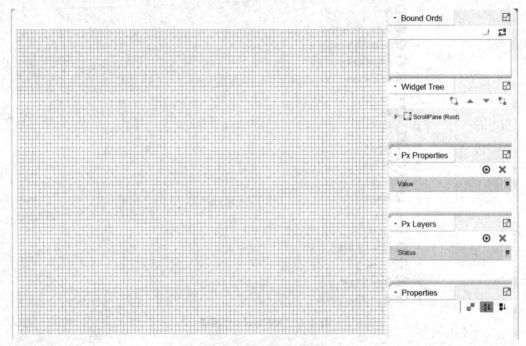

图 4-20　Px Editor 视图

Niagara 图形设计与逻辑设计相似,也是通过拖动和修改属性表进行设计的。

一个点位被拖入 Px 界面后,可以有多种展现形式。例如一个数字点位,在 Px 文件中可以显示为一个数值、一个进度条、一个表盘、一个该数字点位的名字,一个 Boolean 点位可以显示为一个开关按钮、一个开启或关闭的图片样式。

如图 4-21 所示,在窗口左上方有多个选项:Bound Label、Include Px File、From Palette、Workbench View、Properties、Actions、Time Plot。它们分别代表不同的绑定类型。

（1）Bound Label

选择 Bound Label 时,点位可以标签文字的形式在 Px 中呈现,用户可以修改名称、修改状态（颜色和闪烁）、设置超链接、设置鼠标滑过事件、设置外框粗细度等,如图 4-22 所示。

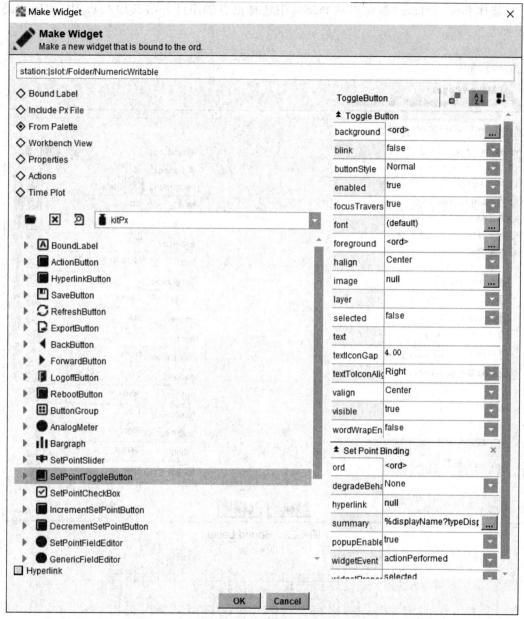

图 4-21　Px 控件对象选择

Format Text 中可填写显示的内容，若需显示点位的值填写"%out.value%"，若需显示点位的名称填写"%displayName%"。设定好的点位在 Px 界面中显示形式如图 4-23 所示。

（2）Include Px File

选择 Include Px File 时，可以将已完成的 Px 作为小视图嵌套添加到新的 Px 中，如图 4-24 所示。在 Px 中可以设计 Include Px File，可将其当成一个 Px 文件类型的组件。在 Px 中，它可以被拖入其他 Px 文件，这增强了 Px 文件的复用性，把 Px 界面拆解成为组件的形式。

（3）From Palette

选择 From Palette 时，可以从 Palette 中选择已有的组件并将其加入 Px 中，如图 4-25 所示。

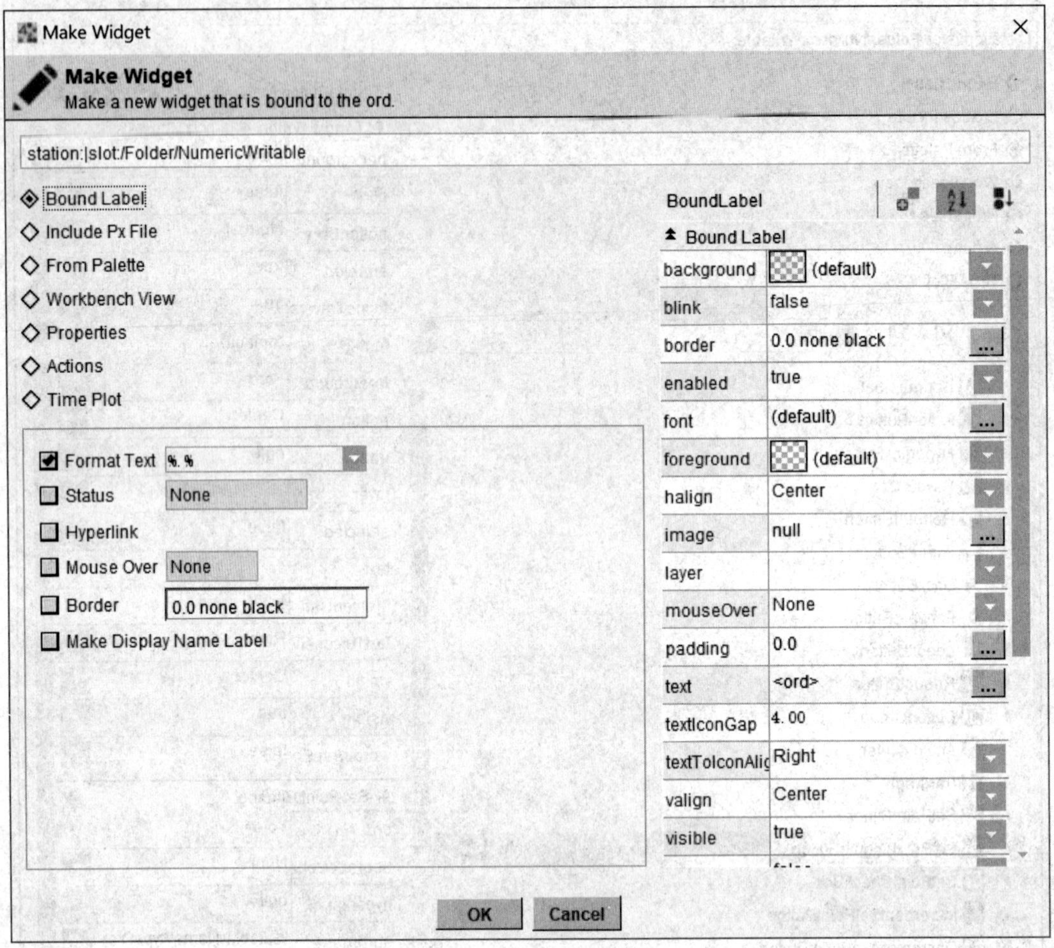

图 4-22 Bound Label

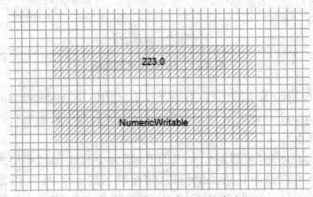

图 4-23 设置好的点位显示内容

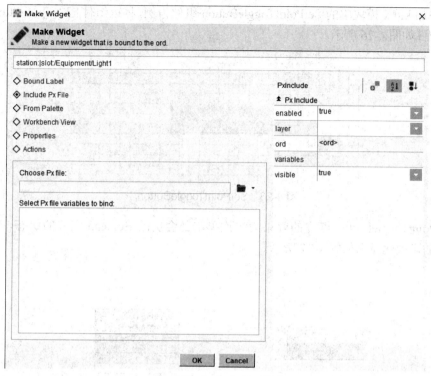

图 4-24　Include Px File

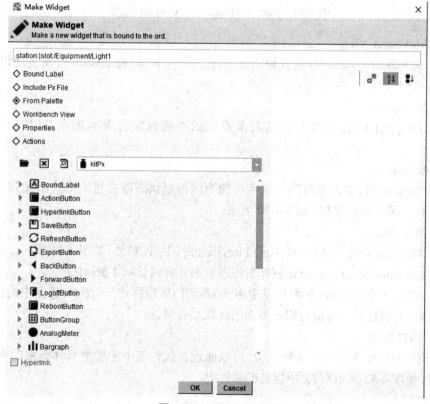

图 4-25　From Palette

以添加 kitPx 模块中的 SetPointToggleButton 组件为例,将该组件拖入 Px Editor 中可看到一个控件如图 4-26 所示。

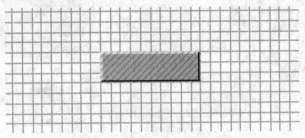

图 4-26　SetPointToggleButton

SetPointToggleButton 点位的效果为每次单击都会更改 Boolean 点位的状态,在 Wb Px View 中的可视化显示如图 4-27 所示。

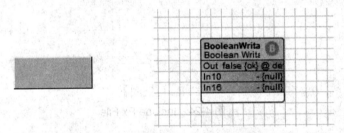

图 4-27　SetPointToggleButton 与关联点位

(4) Workbench View

选择 Workbench View 时,可以将所选对象点位的不同 Workbench 视图直观地加入 Px 中,如图 4-28 所示。

(5) Properties

选择 Properties 时,可以将所选对象点位的不同属性直观地加入 Px 中,如图 4-29 所示。

(6) Actions

选择 Actions 时,可以将所选对象点位的不同控制状态以按钮的形状添加到 Px 中,使其在可视化中可以直接控制,如图 4-30 所示。

(7) Time Plot

对于 Numeric 点位,可以选择 Time Plot,添加时间绘图部件,如图 4-31 所示。其可以设置时间限,为 Numeric 点位的数据制作折线点位图并将其显示在 Px 中。

总之,拖入一个点位时,将为其设定在 Px 界面的展现样式,其在 Px 界面中的样式将与该点位关联,并将设计的逻辑与图形界面之间联系起来。

3. Px 组件属性

对于添加到 Px 界面中的各种点位,可以通过在属性表中配置更具体详细的内容使 Px 更为精确,如图 4-32 所示为 Px 中标签的属性表。

项目四 环境监控

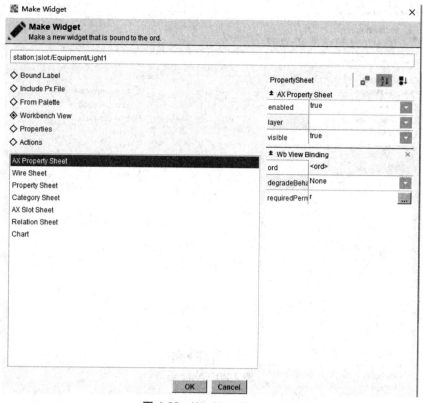

图 4-28 Workbench View

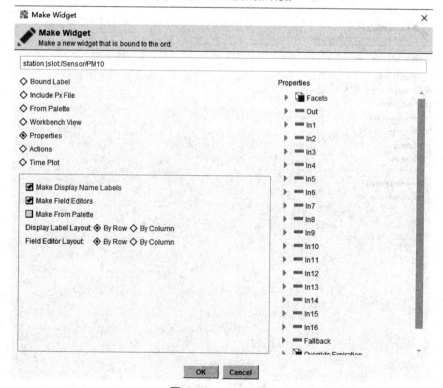

图 4-29 Properties

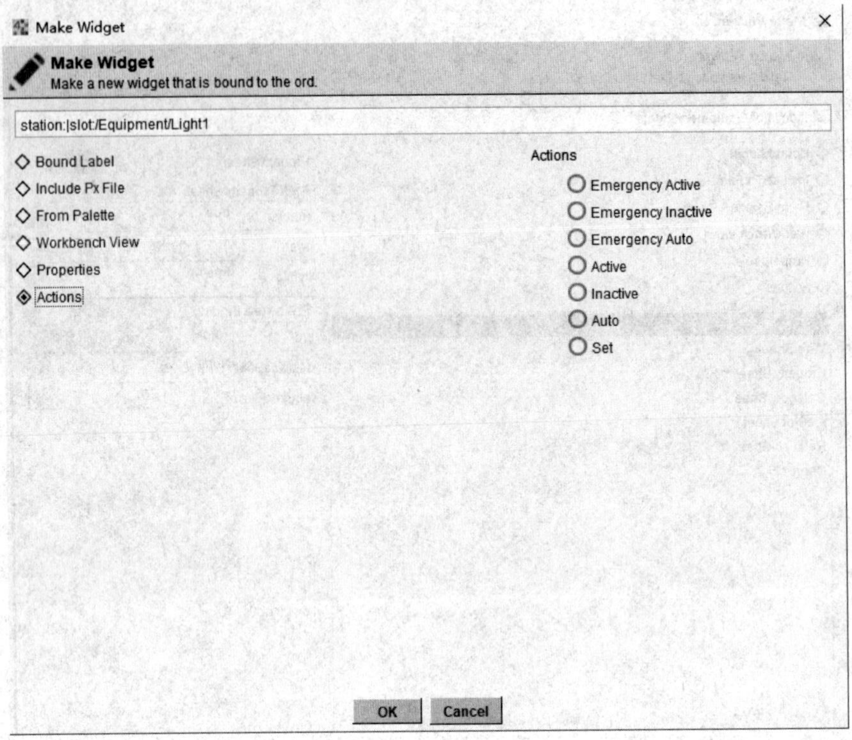

图 4-30 Actions

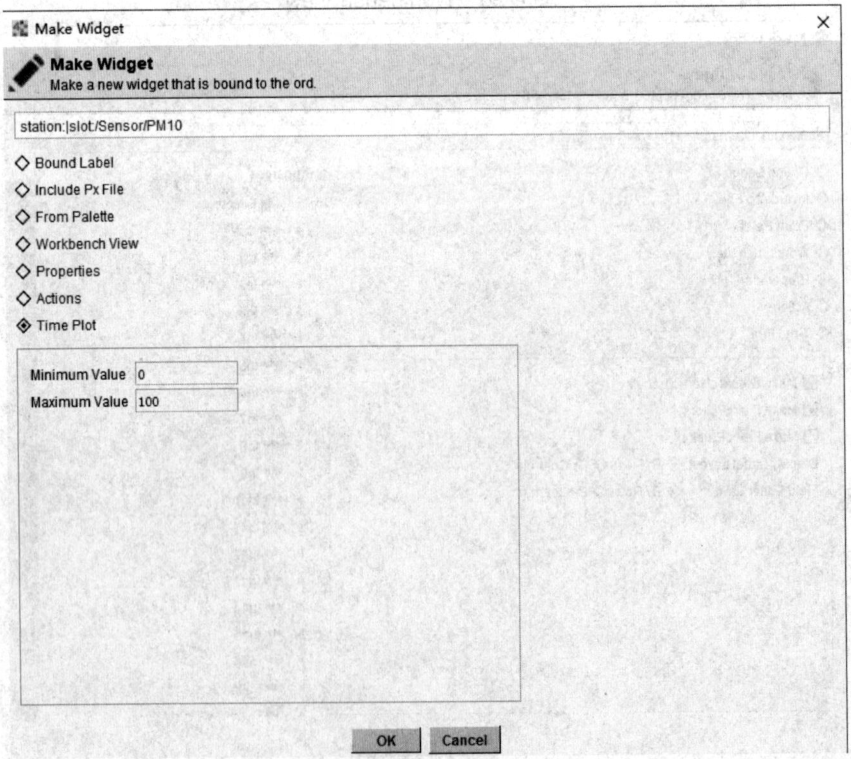

图 4-31 Time Plot

Properties	
BoundLabel	
▲ Bound Label	
background	(default)
blink	false
border	0.0 none black
enabled	true
font	(default)
foreground	(default)
halign	Center
image	null
layer	
layout	210.0,120.0,260.0,40.0
mouseOver	None
padding	0.0
text	station:|slot:/Folder/NumericWritable
textIconGap	4.00
textToIconAlig	Right
valign	Center
visible	true
wordWrapEn	false
▲ Bound Label Binding	
ord	station:|slot:/Folder/NumericWritable
degradeBeha	None
hyperlink	null
summary	%displayName?typeDisplayName% = %.%
popupEnable	true
statusEffect	None

图 4-32　添加到 Px 中的标签的属性表

图 4-32 所示的窗口中包括标签的各种属性，例如标签背景颜色，内部字体格式、颜色、对齐方式等；还有一些其他属性，例如 ord、超链接等。对该属性表可进行如图 4-33 所示的设置。

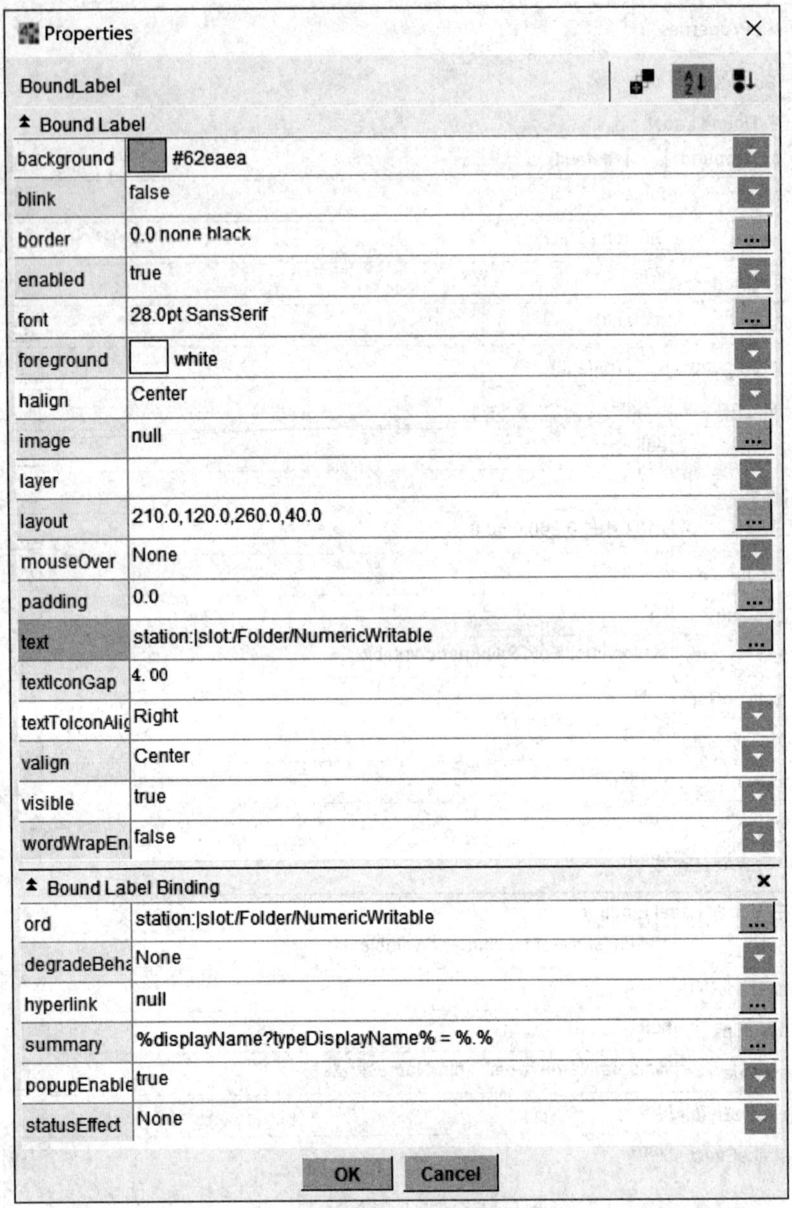

图 4-33 属性表设置

对 text 进行如图 4-34 所示的设置。

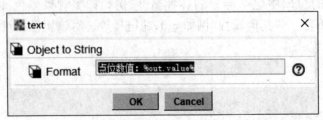

图 4-34 text 设置

设置后，在 Wb Px View 中的显示样式如图 4-35 所示。

点位数值：223.0

NumericWritable

图 4-35　显示效果

在 Px 中也可以使用外部素材，需注意 ord 要对应。

4.Nav 配置

使用浏览器查看站点环境监控的可视化时，可在浏览器地址栏直接输入对应 IP 来查看本地（localhost）或者工业互联网智能网关（工业互联网智能网关的 IP）。

在使用浏览器访问站点 IP 时，浏览器默认显示窗口如图 4-36 所示。

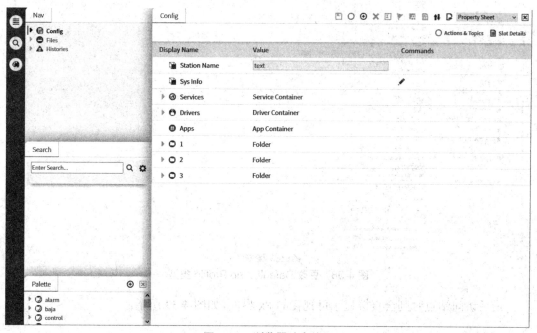

图 4-36　浏览器站点访问

如想要访问站点时显示制作好的 Px 可视化界面，就需要配置 Nav 文件。

在 Files 目录下新建 Nav 文件，将 NavFile 的 Ord 绑定为制作好的 Px 文件，如图 4-37 所示。

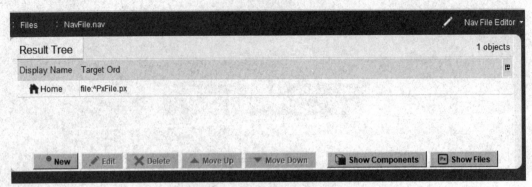

图 4-37 Nav 文件绑定 Px 文件

然后在服务中的用户服务,选择对应用户,将 Default Web Profile 的类型更改为 Handheld Hx Profile,如图 4-38 所示。

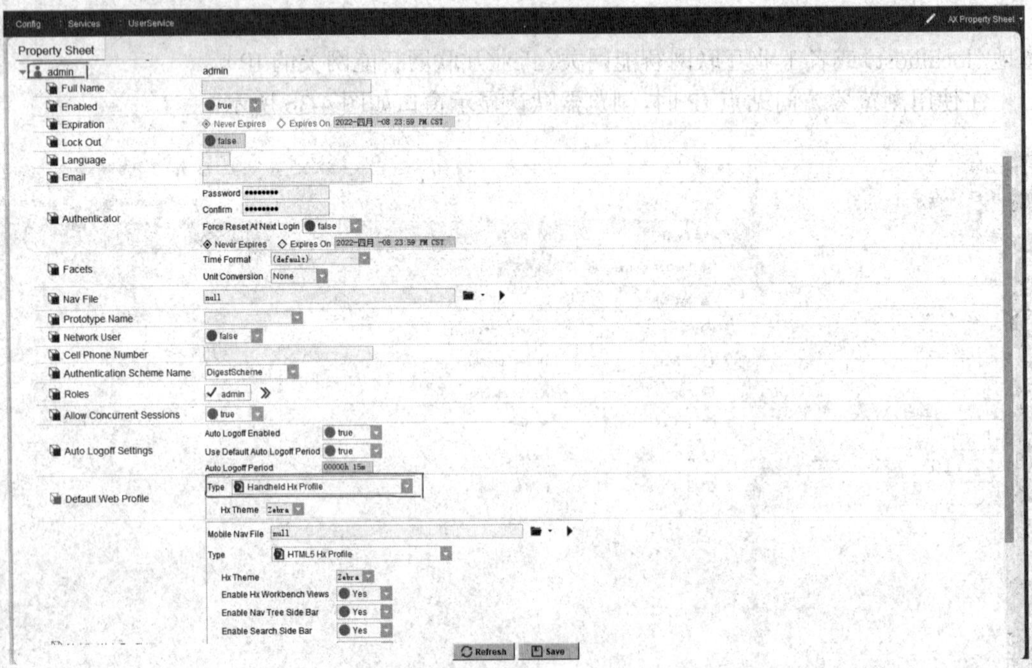

图 4-38 更改 Default Web Profile 类型

最后访问站点时则会直接显示可视化的 Px 界面,如图 4-39 所示。

项目四 环境监控

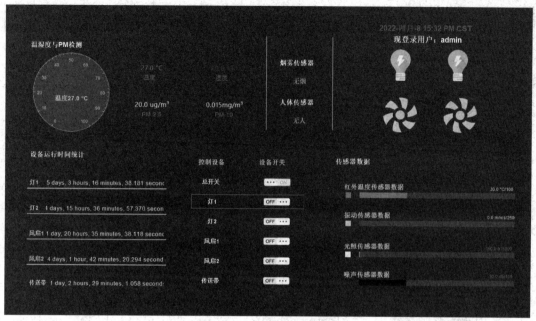

图 4-39 可视化的 Px 界面

通过以上学习，了解了环境监控的相关知识，学习了 Niagara 4 中报警组件的使用方法，掌握了 Px 界面设计的相关知识，下面将实现本项目中的一些具体功能。

在本项目的任务实施中，需要为智慧工业项目制作基于 Px 文件的可视化界面，先创建环境监控逻辑图，创建各个传感器的点位，包括人体传感器、烟雾传感器、温湿度传感器、空气质量传感器、光照传感器、噪声传感器、振动传感器、红外温度传感器，并为烟雾传感器和温度传感器添加报警通知。

然后对智慧工业项目中的组态进行可视化，制作 Px 界面。要求在可视化界面中显示所有传感器的监测数值，需要额外将温度传感器显示为表盘，有灯和风扇的运行状态，有总开关、灯、风扇、传送带的控制开关，有灯、风扇、传送带的设备运行时间统计。要求设计尽量美观整洁。

第一步：制作传感器逻辑组态图。

打开创建环境监控逻辑图，将其命名为"Sensor"，在逻辑图中添加传感器点位，包括 8 个 NumericWritable 点位和 2 个 BooleanWritable 点位，将其分别以各个传感器的名字命名，如图 4-40 所示。然后打开点位 AX Property Sheet 界面，设置各个点位的 Facets，人体传感器为有人、无人，烟雾传感器为有烟、无烟，其他传感器对应关系分别为噪声——db，光照——lux，温度——℃，湿度——%RH，PM2.5——μg/m³，PM10——mg/m³，红外温度——℃，振动——mm/s。

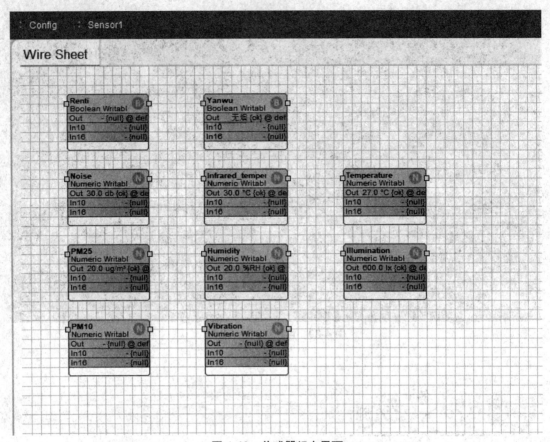

图 4-40 传感器组态界面

第二步：添加报警接收者。

展开站点中的 Config，展开 Services，双击 AlarmService，打开 AlarmService 的 Wire Sheet 界面，从 Palette 中的 alarm 模块的 Recipients 中，拖入 7 个 Console Recipient 到 Wire Sheet 界面，将这些 Console Recipient 分别命名为 Tem and Hum Alarms、PM Alarms、Noise Alarms、Vib Alarms、Lm Alarms、Renti Alarms、Yanwu Alarms，如图 4-41 所示。

第三步：为烟雾传感器添加报警。

双击 Yanwu 点位，打开烟雾传感器的 AX Property Sheet 界面。在 Palette 中打开 alarm 模块，从 Extensions 中将 BooleanChangeOfStateAlarmExt 组件添加到 Yanwu 中（选中组件将其拖到 Yanwu 名字上即可），展开添加的 BooleanChangeOfStateAlarmExt，在 To Offnormal Text 框中输入"有烟"，在 To Normal Text 框中输入"无烟"，最后将 Alarm Class 改为 Yanwu，如图 4-42 所示。

第四步：为温度传感器添加报警。

双击 Temperature 点位，打开温度传感器的 AX Property Sheet 界面。在 Palette 中打开 alarm 模块，从 Extensions 中将 OutOfRangeAlarmExt 组件添加到 Temperature 中，展开添加的 OutOfRangeAlarmExt，在 To Faule Text 框中输入"温度异常"，在 To Offnormal Text 框中输入"温度异常"，在 To Normal Text 框中输入"正常"，最后将 Alarm Class 改为 Tem and Hum，如图 4-43 所示。

项目四 环境监控

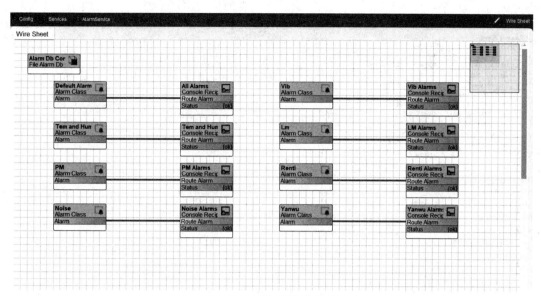

图 4-41 添加报警接收者

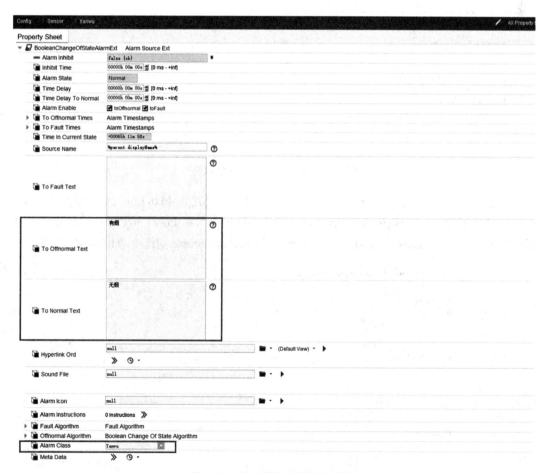

图 4-42 为烟雾传感器添加报警

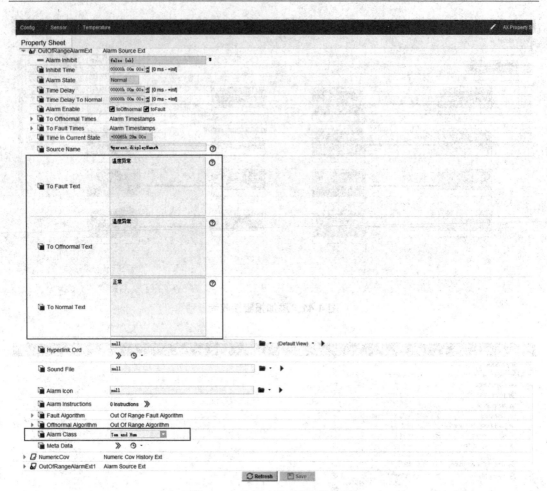

图 4-43 为温度传感器添加报警

再展开 Offnormal Algorithm 进行配置,将 High Limit 设置为 40.0,Low Limit 设置为 -10.0,Deadband 设置为 0.0,在 High Limit Text 框中输入"温度过高",在 Low Limit Text 框中输入"温度过低",最后将 Limit Enable 中的 Low Limit Enable 和 High Limit Enable 勾选上,如图 4-44 所示。

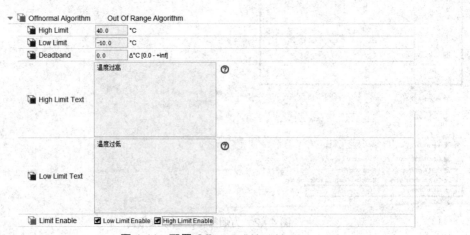

图 4-44 配置 Offnormal Algorithm

第五步：新建 Px 文件，添加画布背景。

在 Px 设计中，最基础且重要的一点就是保证 Ord 地址的正确。在站点中右键单击 Files，创建 PxFile.px，如图 4-45 所示。

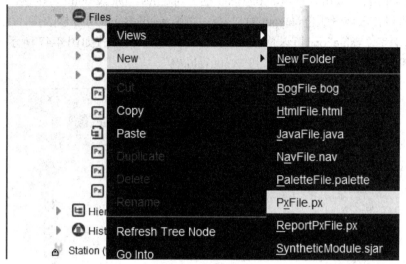

图 4-45　新建 Px 文件

选择视图为 Px Editor 界面，双击画布打开 Properties 来编辑设置背景。从本地任选一张适合的背景图片复制到站点中，单击 background，选择图片格式，输入背景图片路径，然后修改 viewSize，设置宽为 1 920.00，高为 1 000.00，以适配之后的浏览器可视化，如图 4-46 所示。

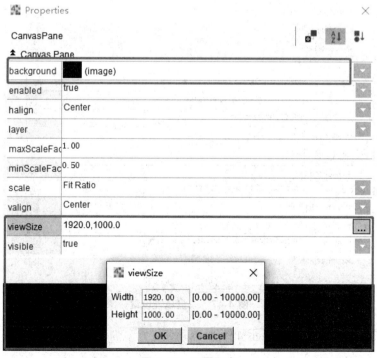

图 4-46　配置画布

第六步：添加传感器及其数据显示。

这一步骤以表盘、数字、条形图 3 种形式添加传感器数据显示。首先以表盘形式添加温度数据，从 Sensor 中将 Temperature 拖入 Px Editor 中，选择 From Palette，从 kitPx 模块中选择 AnalogMeter 组件，双击打开 AnalogMeter 的 Properties。background 可以修改表盘背景，foreground 可以修改前景颜色，layout 可以修改大小，needleBursh 可以修改指针颜色，text 可以编辑显示文字，valueFont 可以修改显示文字字体。举例修改如图 4-47 所示，其中单击 text 右侧的"..."，可将 text 修改为"温度 %out.value%"。

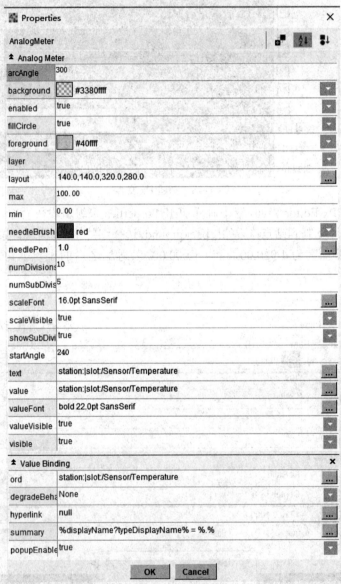

图 4-47　表盘属性设置

以上设置在 Px Editor 中的显示如图 4-48 所示。

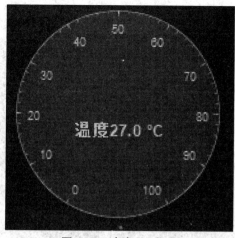

图 4-48　表盘 Px 显示

以监测数据形式添加温湿度传感器、空气质量传感器、人体传感器、烟雾传感器数据,以温度数据为例。从 Sensor 中将 Temperature 拖入 Px Editor 中,选择 From Palette,从 kitPx 模块中选择 BoundLabel 组件,双击打开 BoundLabel 的 Properties,修改内容及方法大致与表盘属性设置类似。以上设置在 Px Editor 中的显示如图 4-49 所示。

图 4-49　数字 Px 显示

最后以条形图形式添加红外温度传感器数据、振动传感器数据、光照传感器数据、噪声传感器数据,以红外温度数据为例。从 Sensor 中将 Temperature 拖入 Px Editor 中,选择 From Palette,从 kitPx 模块中选择 Bargraph 组件,双击打开 Bargraph 的 Properties,修改内容及方法也大致与表盘属性设置类似。为了将数据在条形图中显示得更明显,可以设置条形图的量程,修改其中的 max 值。以上设置在 Px Editor 中的显示如图 4-50 所示。

图 4-50　条形图 Px 显示

传感器数据可视化最终效果如图4-51所示。

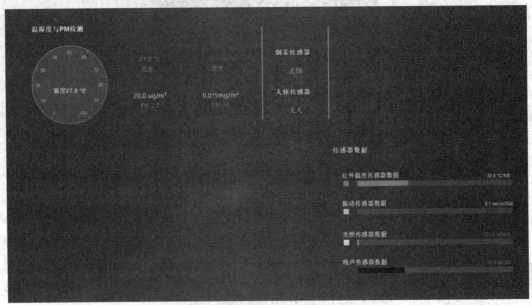

图4-51 传感器数据可视化

其中,文字部分可通过右键单击画布,新建Label来编辑。Label通过编辑可改为不同形式,条形图左侧方块也是通过修改Label实现的,条形图右上监测数据则是通过BoundLabel实现的。

第七步:添加灯、风扇、传送带运行时间统计到Px界面。

以灯1为例,展开站点中的Config,展开Equipment,展开Light1找到DiecreteTotalizerExt,将其拖入Px Editor中;选择From Palette,从kitPx模块中选择BoundLabel组件,然后设计合适的字体格式,最后加上文字说明,添加Label将形状修改为直线(也可以从bajaui中使用Shape组件中的Line),最终效果如图4-52所示。

图4-52 设备运行时间统计数据可视化

第八步：添加总开关、灯开关、风扇开关、传送带开关。

以总开关为例，展开站点中的 Config，展开 Equipment，找到 MasterSwitch，并将其拖入 Px Editor 中，选择 From Palette，从 kitPx 模块中选择 SetPointToggleButton 组件，双击打开 SetPointToggleButton 的 Properties。在这里使用图片添加，单击 image，为设备的开关设置不同图片，以便对可视化界面进行操控，此操作可使用外部素材，如图 4-53 所示。

图 4-53　设备开关图片

将图片素材导入站点中，在 image 的 True Value 选择 On 图片地址，False Value 选择 Off 图片地址，然后添加并修饰线和文字 Label，最终效果如图 4-54 所示。

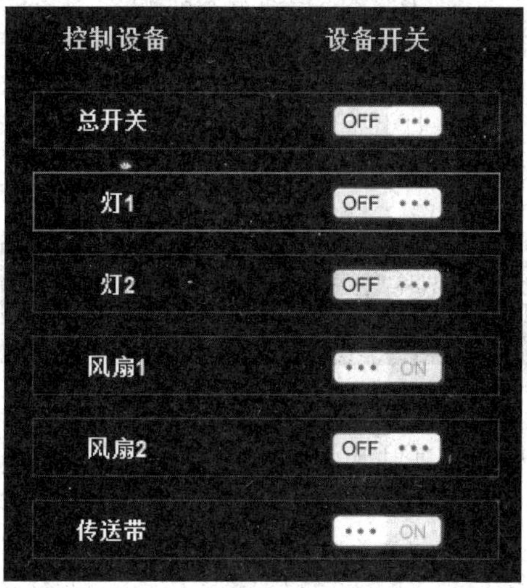

图 4-54　设备开关可视化

第九步：添加灯、风扇的可视化状态显示。

与添加开关方法类似。以灯为例，展开站点中的 Config，展开 Equipment，找到 Light1 并将其拖入 Px Editor 中，选择 From Palette，从 kitPx 模块中选择 BoundLabel 组件，双击打开 BoundLabel 的 Properties。使用图片添加，单击 image，为不同设备状态设置对应图片，以便对设备进行可视化，图片可以用 Palette 中灯的素材，也可以导入外部素材。

在 image 的 True Value 选择灯亮图片地址，False Value 选择灯灭图片地址，最终效果如图 4-55 所示。

第十步：添加登录用户和时间显示。

添加 Equipment 或 Sensor 中任意一个点位到 Px Editor 中，选择 From Palette，从 kitPx 模块中选择 BoundLabel 组件，双击打开 BoundLabel 的 Properties。单击 text，在 Format 中填写"现登录用户：%user（）%"，则可以添加登录用户。

图 4-55 设备状态可视化

展开站点中的 Config,展开 Sensor,从 Palette 中的 kitControl 模块的 Timer 组件中找到 CurrentTime 拖入 Wire Sheet 中。打开 Px Editor 视图,展开 Sensor,把刚添加的 CurrentTime 拖入合适的位置,则可以添加时间显示,最终效果如图 4-56 所示。

图 4-56 登录用户和时间

至此,智慧工业的 Px 界面设计基本完成。

通过本项目,制作了环境监控的数据可视化界面,初步了解了环境监控的相关知识,掌握了添加报警组件的方法,学习了制作 Px 界面的方法,最终能够通过所学的基础知识实现环境监控报警通知的添加和数据可视化。

选择题

1. 报警数据库中最多可存储(　　)条报警信息。

A.10 000　　　　　B.100 000　　　　　C.200 000　　　　　D.250 000
2.（　　）报警扩展是基于监测数值报警上下限的报警。
A.OutOfRangeAlarmEx　　　　　　　　B.StringChangeOfValueAlarmExt
C.BooleanChangeOfStateAlarmExt　　　　D.EnumCommandFailureAlarmExt
3. 以下（　　）模块是 Niagara 中可视化素材模块。
A.Alarm　　　　　B.kitControl　　　　　C.History　　　　　D.kitPx
4. 在 Px 中拖入 BoundLabel 时，可以改变 BoundLabel 的（　　）属性。
A. 名称　　　　　B. 超链接　　　　　C. 外框粗细度　　　　　D. 以上都可以
5. 使用（　　）控件可以对可视化中设备状态进行控制。
A.BoundLabel　　　B.Workbench View　　　C.Actions　　　　　D.Time Plot

项目五　项目实施

通过对工业互联网智能网关的学习,了解传感器与设备等相关知识,熟悉设备连线方式,掌握局域网搭建方式。在任务的实现过程中:
- 了解各种传感器与设备、工业互联网智能网关、多协议控制器和可编程控制器的相关知识;
- 熟悉基本的设备接线方式;
- 掌握局域网搭建方式;
- 能够在工业互联网智能网关上运行 Niagara Station。

【情境导入】

工业互联网中涉及多个行业、多种技术的融合,进行工业互联网的项目搭建与开发时,也就必然会使用到多种技术。技术的种类和最终选择都要契合实际项目的需要,技术与实际相互影响。在 Niagara 中,使用工业互联网智能网关,需要接入硬件设备,搭建局域网,启动服务,调试通信等一系列步骤。

【任务描述】
- 了解传感器与执行器。
- 学习工业互联网智能网关、多协议控制器与可编程控制器的相关知识。
- 熟悉设备接线方式。
- 掌握局域网搭建方法。

项目五 项目实施

- 将项目导入工业互联网智能网关。

【效果展示】

通过本项目,将完成硬件设备如执行器和传感器与核心设备的接线,并配置网络,搭建局域网,完成与工业互联网智能网关的通信,为真实项目的运行提供前提条件。最终将得到如图 5-1 所示的页面内容,在之前项目中编辑的站点将被上传到工业互联网智能网关并运行。

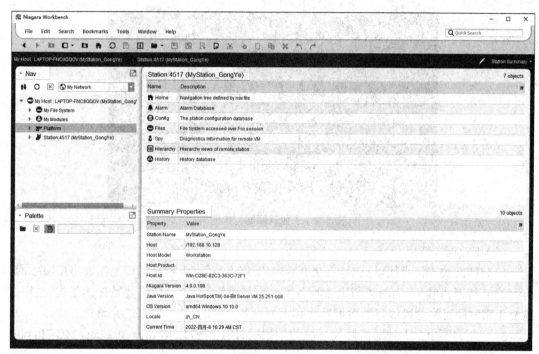

图 5-1 站点界面

技能点一　设备简介

1. 工业互联网智能网关

工业互联网智能网关是 Niagara 的核心硬件设备,也是 Niagara 服务的承载设备。

工业互联网智能网关是一款嵌入式物联网控制引擎及服务器平台,可用来连接设备和系统,工业互联网智能网关控制引擎提供了集成、监控、数据记录、报警、时间表和网络管理的功能,可通过以太网或无线局域网远程传输数据和在标准 Web 浏览器进行图形显示。

Niagara 服务可以直接运行在作为 Niagara 框架的核心设备的工业互联网智能网关上,可以连接和管理各种 DDC、可编程控制器。在硬件体系中,工业互联网智能网关扮演的是控制核心的角色,控制命令由工业互联网智能网关发出。

工业互联网智能网关如图 5-2 所示。

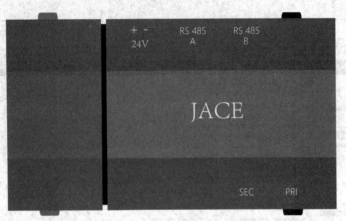

图 5-2 工业互联网智能网关

(1)工业网关特点

1)智能网关支持直接以点对点(P2P)方式实现设备互连,连接串口不需要串口服务器。

2)支持断点续传,当网关与上方设备通信有异常时,不会造成重要数据的丢失,当通信恢复正常时即可将这段缓存的数据补传到上方设备,有效保证了数据的完整性。

3)可兼容不少于 5 种通信协议,包括但不限于 BACnet、Lonwork、Modbus、MQTT、obix 等,系统提供快捷的二次开发能力,能够在要求功能扩展时做到快速落实。

4)具有边缘计算能力,即具有网络访问、本地计算存储、远程二次开发能力。应用程序在边缘侧发起,具有更快的网络服务响应,满足实时数据传输、智能应用以及安全和隐私保护的需求;可以实现现场的数据清洗过滤和规整工作;基于 Java 构建模块化设计,在现场同时完成实时数据采集、历史数据存储与数据分析算法实现。

5)支撑硬件运行的技术开发平台将不同网络、不同协议的各种异构仪器仪表设备数据无差别化统一,基于 Java 和先进的 Web 技术,最终交付使用时留有接口和技术供用户进行二次开发。未来,平台可通过这些接口进行功能扩展,用户自身可开发新的功能模块和设备驱动模块。充分考虑到现在及以后还会有新的协议、新的网络通信以及更多私有协议不断出现,要求装置具有强大的生命力来适应这种变化,可以不断成长、不断扩展。

6)提供多种通信方式,包括有线网络(TCP/IP)或者无线网络(Wi-Fi、GPRS 或者 NB-IOT)。

(2)技术参数

1)CPU 处理器:ARM CortexA8。

2)内存:1GB。

3）自带闪存：4GB。

4）串口/网口：6 路 RS-232/485 隔离串口，2 路 10/100 Base-T 以太网口。

5）无线扩展：1x Mini-PCIe interface（Full-size），Wi-Fi/3G/GPRS/4G 可选。

6）电源输入：24 V 交流或者直流供电。

7）网络安全：符合 Cyber security 网络安全标准。

2. 多协议控制器

多协议控制器同时支持 BACnet IP、Modbus TCP 及 Sox 协议；RS485 端口支持 Modbus RTU 和 BACnet MS/TP 协议；8 个通用输入，支持电流、电压、电阻和热电偶；8 个数字输入；8 个数字输出（继电器型）；4 个模拟输出（电流和电压型）；2 个带隔离电极输出（PWM）；32Bit 处理器，高精度模拟输入/输出通道；可自定义阻值温度表。

多协议控制器如图 5-3 所示。

图 5-3　多协议控制器

多协议控制器是一款具有 22 个输入输出点，同时具备 BACnet MS/TP 和 Modbus RTU 通信协议，能满足一般应用的控制模块或特殊需求的应用控制器。

多协议控制器是工业控制器，也就是与 Niagara 对接的控制设备，其对接的是各种控制设备，例如要用到的灯、风扇等执行器。设备既可直流供电，也可交流供电。为了避免损坏设备的输入输出端和 485 通信，单个设备用独立的电源供电。若多设备使用同一电源供电，应保证供电的极性相同。

在项目的硬件体系中，多协议控制器扮演的是集成器的角色，设备的信号线以及开关都集成在多协议控制器上。

多协议控制器的内部结构如图 5-4 所示。

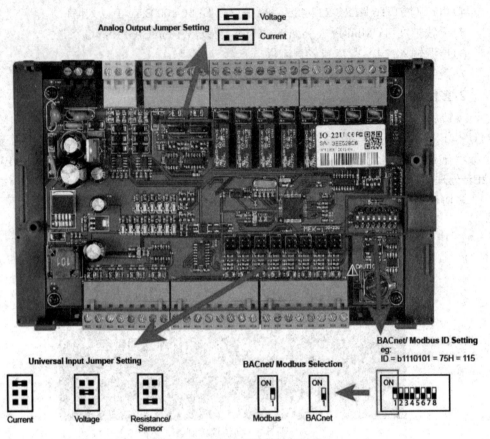

图 5-4　多协议控制器的拨码与跳线

图 5-4 中下面的跳针图指示设备的通用输入（UI）、模拟量输出（AO）以及 BACnet 和 Modbus 的协议选择及其 ID 的设定。设备既具有 BACnet 协议，也具有 Modbus 协议。

设备具有 1 排 8 个短接帽，对应着模拟量输入端口的 8 个端子，依照接入设备的数据类型，选择 R（电阻）、I（电流）、V（电压）类型的模拟量进行短接。

设备默认以 Modbus 协议通信，为了转换成 BACnet 协议，把 DIP1 的拨码打成 on 即可。拨码开关余下的 2~8 是作为 BACnet 或者 Modbus 协议的地址而设定（地址 0 是不存在的，会默认成为 1）的。重启设备，以上的设置将会生效。

3. 可编程控制器

可编程控制器是专门运行在工业环境下的设备，常被用来控制各种类型的机械设备或生产过程。设备具体数据如下。

1）配套有通信模块，RS-485 规格 /RS-422 规格；传输距离，50 m（不隔离）；外部连接设备，5 极端子排。

2）绝缘电阻：DC500 V，5MΩ（可编程控制器单独接地良好测量）。

3）支持 3 种编程语言：指令表语言、梯形图语言、SFC 语言。

4）内置高达 64KB 大容量的 RAM 存储器。

5）控制规模：16~384（包括 CC-LINK I/O）点。

6）内置独立 3 轴 100 kHz 定位功能（晶体管输出型）。

7）基本单元左侧均可以连接功能强大、简便易用的适配器。

8）特殊功能单元/模块最多可以连接 8 台。

9）可以通过使用存储器盒，将程序内存变为快闪存储器。

10）除了浮点数、字符串处理指令以外，还具备定坐标指令等丰富的指令。

11）可以通过内置开关进行 RUN/STOP 的操作，也可从通用输入端子或外围设备上发出 RUN/STOP 的指令。

12）通过计算机用的编程软件，可以在可编程控制器 RUN 时更改程序。

13）内置了时钟功能，可以执行时间的控制。

14）通过连接在 RS-232 C 功能扩展板以及 RS-232 C 通信特殊适配器上的调制解调器，执行远距离的程序传送以及可编程控制器的运行监控。

15）工作电源：24 V DC 常规。

16）电源频率：47~63 Hz。

17）功耗：14 W。

18）可用电流（EM 总线/24 V DC）：最大 740 mA（5 V DC）/最大 300 mA（传感器电源）。

19）数字输入电流消耗（24 V DC）：所用的每点输入 4 mA。

20）用户存储器：12KB 程序存储器。

21）板载数字 I/O：12 点输入/8 点输出。

22）过程映像大小：256 位输入（I）/256 位输入（Q）。

23）I/O 模块扩展：6 个。

可编程控制器如图 5-5 所示。

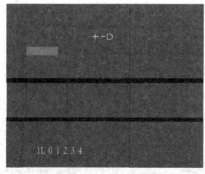

图 5-5 可编程控制器

技能点二 设备与接线方式

1. 工业互联网智能网关、多协议控制器与可编程控制器的接线

工业互联网智能网关、多协议控制器、可编程控制器都使用 24 V 电源供电，多协议控制器与工业互联网智能网关之间使用 RS-485 方式通信，可编程控制器与工业互联网智能网关之间使用 TCP/IP 协议通信，所以使用的是网线连接。

多协议控制器的 RS-485 通信端口接到工业互联网智能网关的 RS-485 的 A 口或者 B 口，可编程控制器的网口接到工业互联网智能网关的 PIR 口。

工业互联网智能网关、多协议控制器与可编程控制器的接线方式如图 5-6 所示。

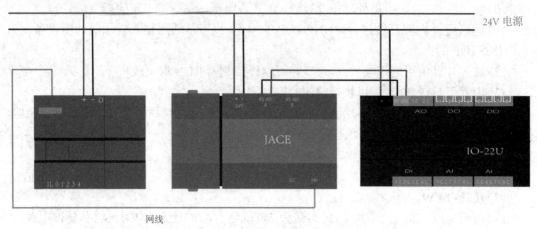

图 5-6　工业互联网智能网关、多协议控制器与可编程控制器的接线方式

2. 开关类执行器接线

开关类执行器指常用的照明灯具、风扇、传送带等，只接入电源，可用开关进行控制的设备。需要将开关类执行器的电源回路接入 Digital Output 端子，该处的端子起着开关的作用。

灯与风扇等执行器的接线方式如图 5-7、图 5-8 所示。

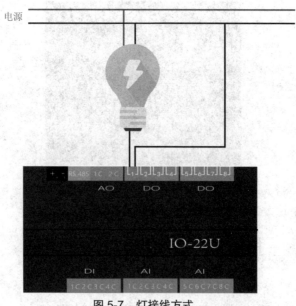

图 5-7　灯接线方式

项目五　项目实施　　117

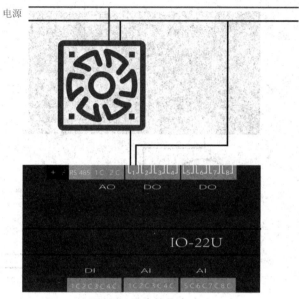

图 5-8　风扇接线方式

3. 模拟量传感器接线

传感器的通信方式较多,例如 RS-485、RS-232、模拟量电流、模拟量电压,甚至 IP/TCP。

图 5-9 所示为三线制接法,实际接线应依照传感器使用说明来接,例如若为四线制模拟量传感器,应将其接入电源,并将其两根信号线分别接入到信号正极和信号负极。

模拟量传感器的接线方式如图 5-9 所示。

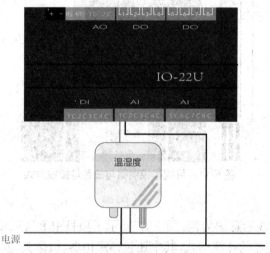

图 5-9　模拟量传感器接线方式

4. 数字量传感器接线

数字量传感器的信号形式只有开和关两种状态,接线方式也分为三线制和四线制,图 5-10 所示为三线制接线,四线制接线同上所述。

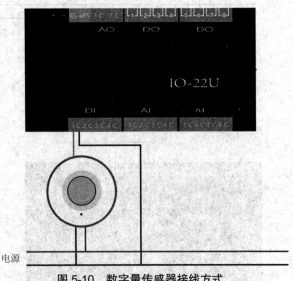

图 5-10 数字量传感器接线方式

5. 可编程控制器与三色灯接法

可编程控制器接线方式与多协议控制器类似,其与三色灯执行器的接线方式如图 5-11 所示。

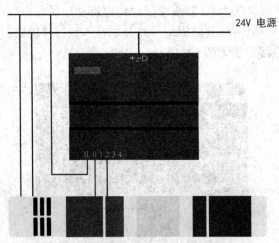

图 5-11 可编程控制器与三色灯接线方式

6. 接线图示例

以一个项目的接线示意图为例,图 5-12 展示了项目中 PC、工业互联网智能网关、多协议控制器、可编程控制器的接线样式,其中还包括路由器、摄像头、麦克风等设备。

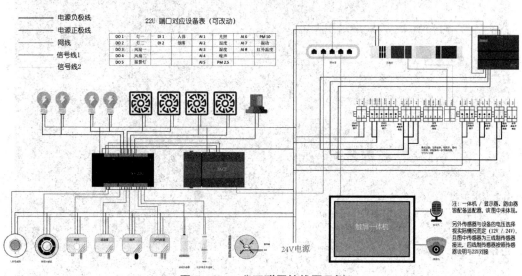

图 5-12 工业互联网接线图示例

工业互联网智能网关是一个可以脱机运行的控制终端,可视为一个可运行 Niagara Station 服务的服务器。

使用本地电脑访问工业互联网智能网关中运行的 Niagara 项目,需要保证本地电脑与工业互联网智能网关处于同一局域网。

1. 局域网配置

工业互联网智能网关配备有网卡且有两个以太网口,分别为 PRI 和 SEC,PRI 默认 IP 为 192.168.1.140。

为保证工业互联网智能网关上电运行,应采用网线连接工业互联网智能网关和本地电脑,以及工业互联网智能网关的 PRI 口与电脑网口。

第一步:修改本地电脑的以太网 IP,打开 Windows 系统的 cmd,输入 ipconfig,按回车键,查看电脑的以太网 IPv4 地址。显示效果如图 5-13 所示。

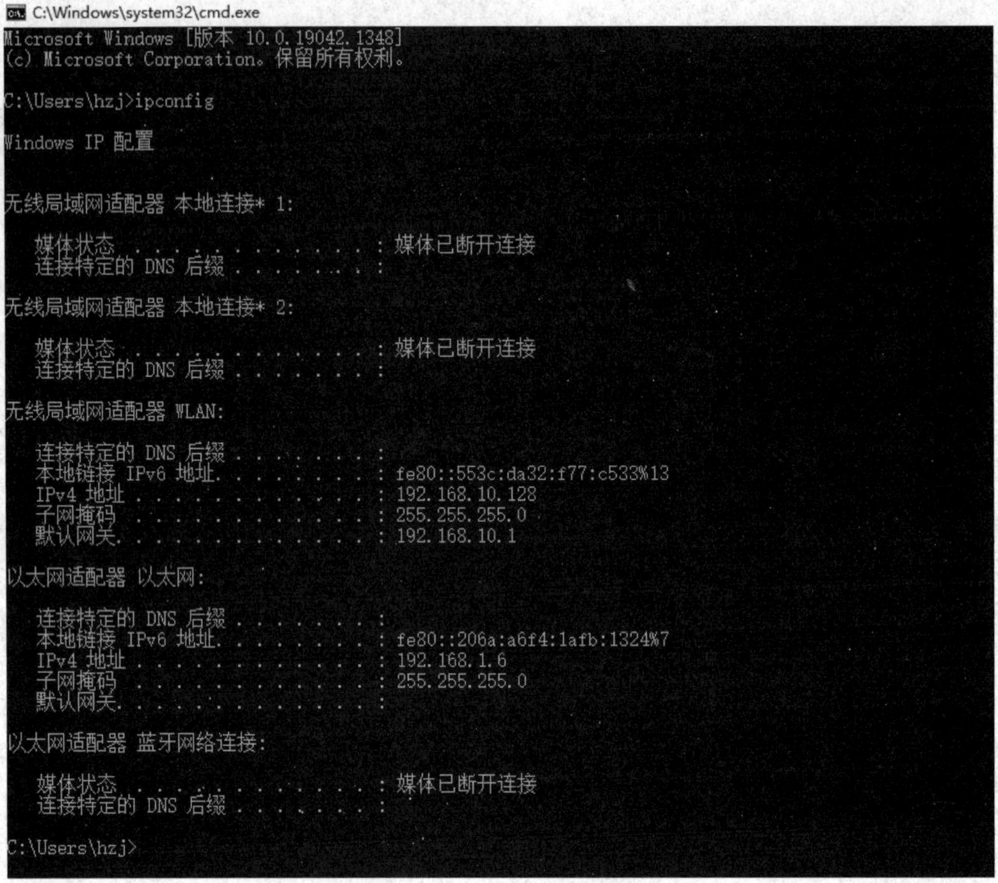

图 5-13 cmd 查看以太网 IP

第二步：如图 5-14 所示，右键单击桌面右下角任务栏的网络图标，选择"打开'网络和 Internet'设置"，进行网络适配器配置。网络和 Internet 设置的显示界面如图 5-15 所示。

图 5-14 网络适配器配置

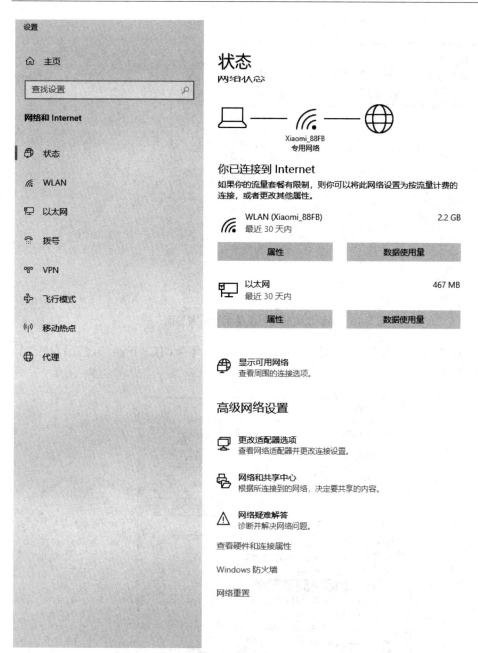

图 5-15　网络和 Internet 设置界面

第三步：单击图 5-15 中的"更改适配器选项"，弹出页面如图 5-16 所示，右键单击图中的"以太网"，选择"属性"。

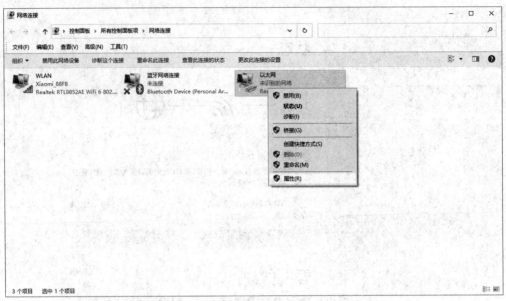

图 5-16　多协议控制器更改适配器配置界面

第四步：在弹出的属性窗口中，选择"Internet 协议版本 4（TCP/IPv4）"，然后单击"属性"，如图 5-17 所示。

图 5-17　IPv4 协议

第五步：在弹出的窗口中，选择使用固定 IP 地址，设置地址为 192.168.1.x，其中 x 为 1~255。为了保证与工业互联网智能网关的 PRI 端口处于同一网段，且不能与工业互联网智能网关端口冲突，最后一位不能为 140。设置示例如图 5-18 所示。

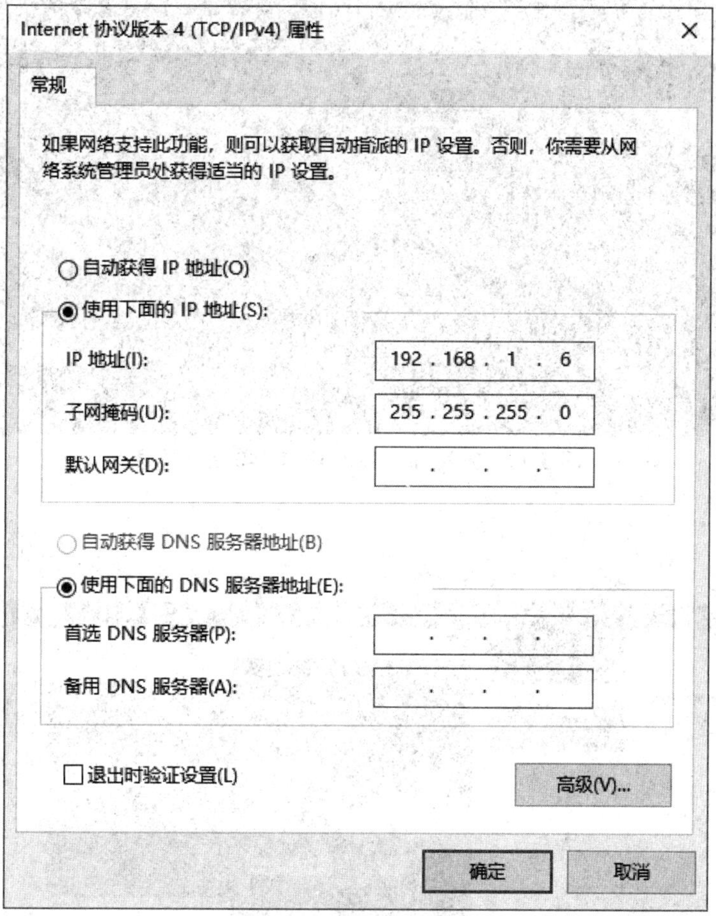

图 5-18 配置静态 IP

第六步：再次打开 cmd，输入 ping 192.168.1.140，显示效果如图 5-19 所示，表明通信正常，局域网配置完成。

2. 在工业互联网智能网关上运行 Platform

第一步：在 Niagara Workbench 中打开 Open Platform，如图 5-20 所示。

第二步：在图 5-21 的弹出窗口中输入 192.168.1.140，单击"OK"。

出现的工业互联网智能网关 Platform 的登录弹窗如图 5-22 所示，这表明成功进入了 Jaca 的 Platform 服务。

3. 将站点导入工业互联网智能网关

第一步：打开本地电脑的 Platform，进入 Station Copier，如图 5-23 所示。

第二步：选中站点，从右往左，将 Platform 中的站点从 localhost 下载到本地电脑，导入弹窗如图 5-24 所示。

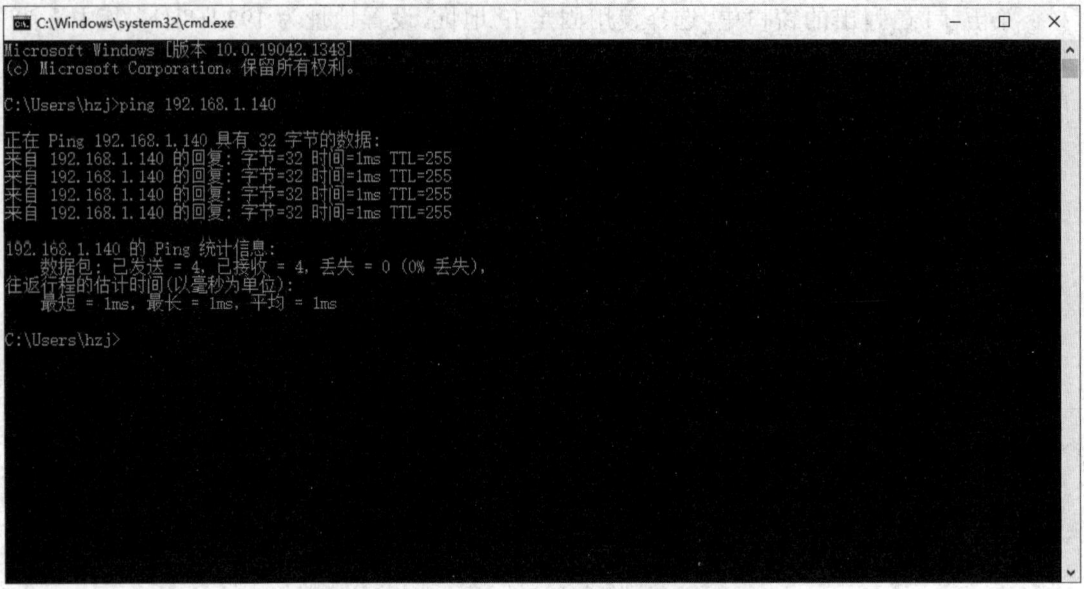

图 5-19 输入 ping 192.168.1.140 后的效果

图 5-20 运行 Niagara Workbench

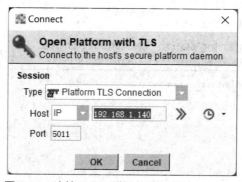

图 5-21 连接工业互联网智能网关的 Platform

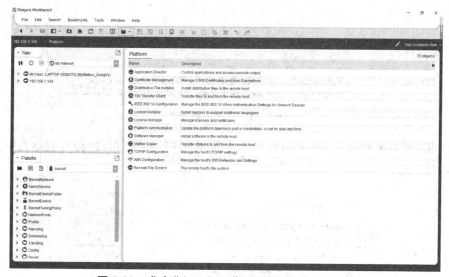

图 5-22 成功进入工业互联网智能网关的 Platform

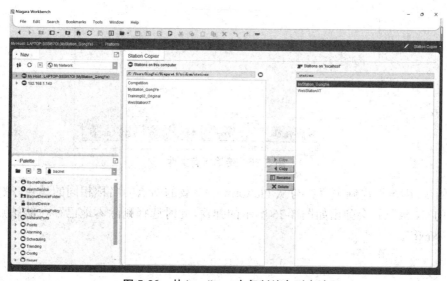

图 5-23 从 localhost 中复制站点到本地

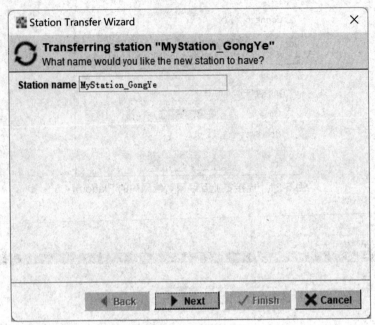

图 5-24 站点传输向导

第三步:单击图 5-24 中的"Next",弹出如图 5-25 所示的弹窗,选择复制站点中的所有文件到本地电脑。

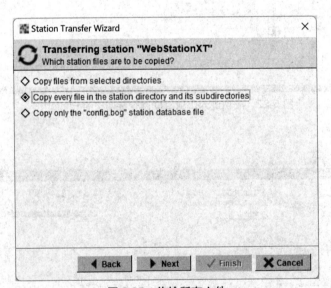

图 5-25 传输所有文件

第四步:因本地电脑中存在与从 Platform 中下载的站点的名称相同的站点,故单击图 5-25 中的"Next"后,会弹出如图 5-26 所示的弹窗,此时选择删除本地已存在的站点即可,再单击"Next"。

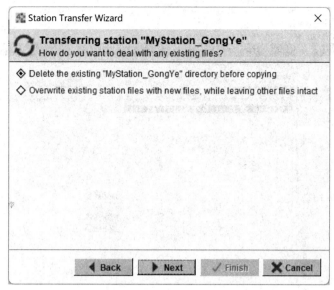

图 5-26　删除原有站点

第五步：弹出如图 5-27 所示的弹窗，打开工业互联网智能网关的 Platform，双击进入 Station Copier。

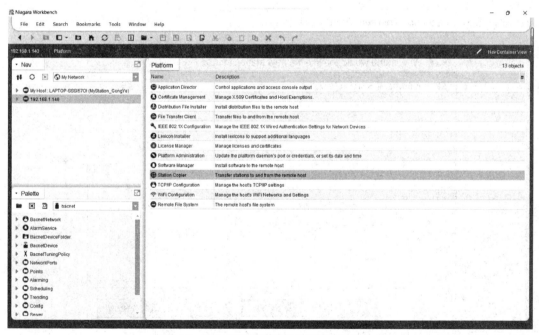

图 5-27　进入工业互联网智能网关的 Platform

第六步：如图 5-28 和图 5-29 所示，将本地 Station 上传到工业互联网智能网关服务（192.168.1.140）中。

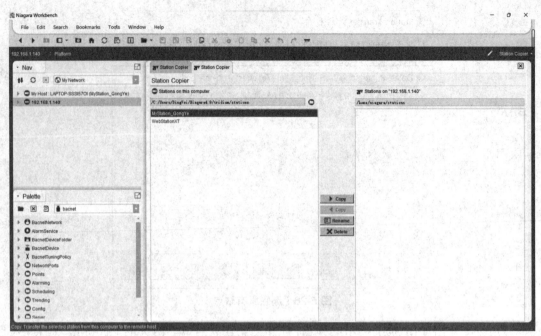

图 5-28　将本地站点传输到工业互联网智能网关

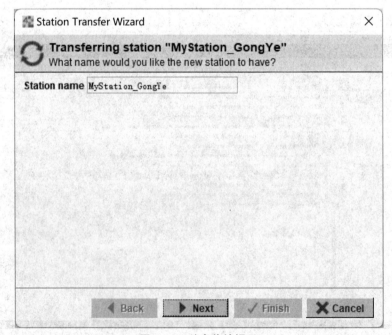

图 5-29　站点传输提示

第七步：单击"Next"后，弹出如图 5-30 所示的弹窗，选择复制所有 Station 文件到智能网关。

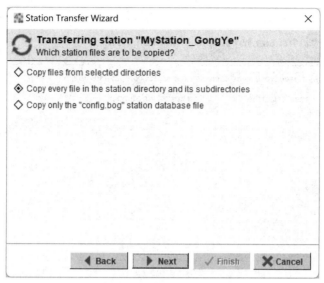

图 5-30　传输所有文件

第八步：单击"Next"后，在弹出的窗口中选择复制站点结束后启动站点，并设置站点在智能网关服务启动时自动启动站点，如图 5-31 所示。结束窗口如图 5-32 所示，单击"Finish"。

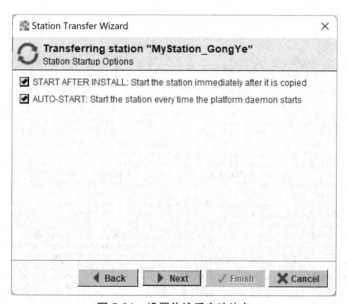

图 5-31　设置传输后启动站点

第九步：如图 5-33 所示，等待站点传输完成后，智能网关需要重启，大概需要 3~4 分钟的时间。

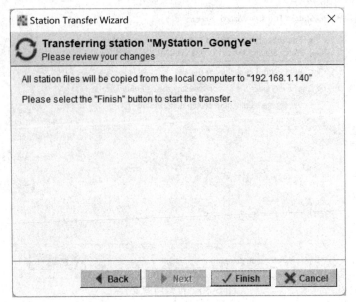

图 5-32　单击"Finish"开始传输

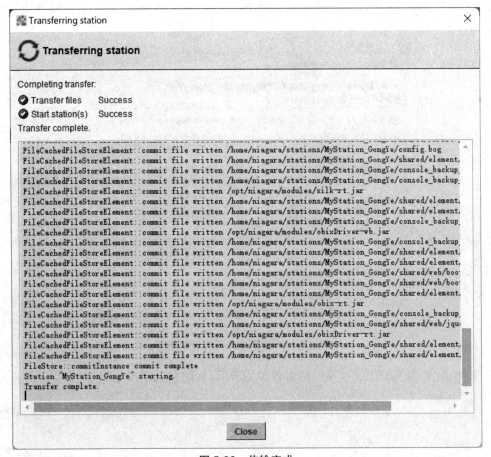

图 5-33　传输完成

第十步：如图 5-34 所示，当站点运行状态为 Running 时，双击站点栏（深色栏）启动站点。

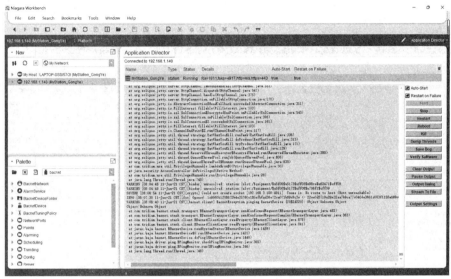

图 5-34　工业互联网智能网关中站点的运行

第十一步：智能网关传输站点后，第一次启动会弹出如图 5-35 所示的证书，单击"Accept"。

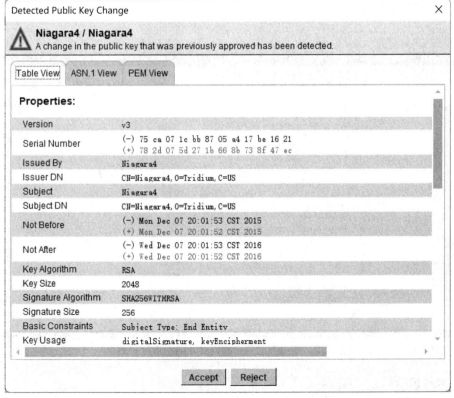

图 5-35　协议证书

第十二步：在弹出的如图 5-36 所示的登录窗口中，填入站点用户名和密码，登录成功后进入智能网关的站点，如图 5-37 所示。

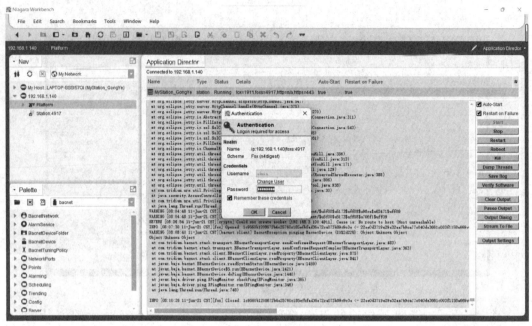

图 5-36　登录站点

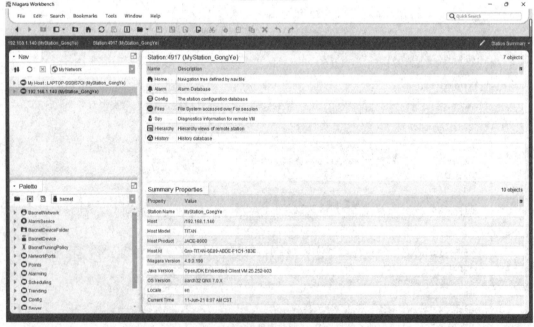

图 5-37　工业互联网智能网关中的站点运行成功

4. 安装 jar 包

Niagara 框架基于 Java 开发来对新的工业互联网智能网关导入站点，在插入新功能时会需要导入 jar 包。jar 文件就是 Java Archive File,是 Java 的一种文档格式。

下面讲解如何将项目需要的 jar 包安装到工业互联网智能网关。

第一步:如图 5-38 所示,进入工业互联网智能网关的 Platform,双击 Software Manager Install software to the remote host 进入 Software Manager。

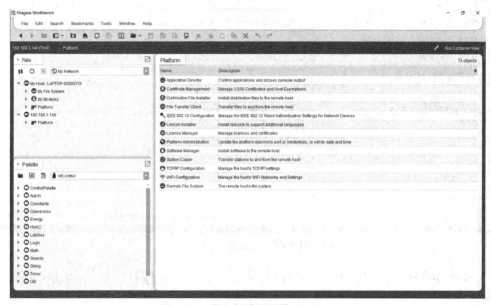

图 5-38 进入智能网关的 Platform

第二步:如图 5-39 所示界面显示的是本地电脑安装目录里的所有 jar 包,右侧文本显示样式代表 jar 包未安装。

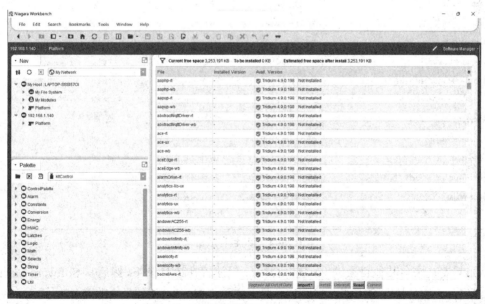

图 5-39 智能网关的 Software Manager

图 5-40 展示的为已安装的 jar 包显示样式。

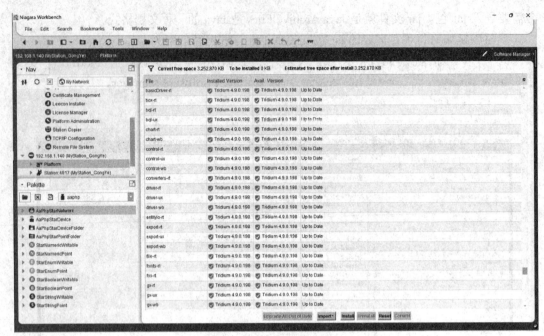

图 5-40 已安装的 jar 包

C:\Niagara\Niagara-4.9.0.198\modules 目录下保存着构建项目所需的 jar 包，如图 5-41 所示。

图 5-41 jar 包存放目录

如需安装来自其他目录的 jar 包，可将 jar 包放置在该目录下，然后从 Software Manager 界面安装；或者直接在 Software Manager 界面中单击"Import"按钮，如图 5-42 所示。

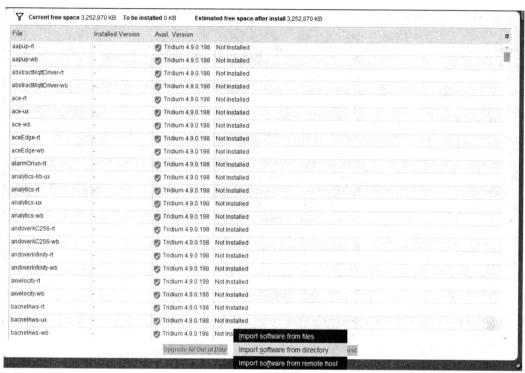

图 5-42　导入其他目录的 jar 包

第三步：在弹出菜单中选择"Import software from directory"，弹出如图 5-43 所示的弹出框，选择其他目录 jar 包地址即可。

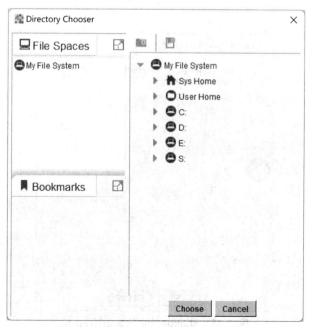

图 5-43　目录选择

以安装 aaphp-rt.jar 包为例，选中 aaphp-rt.jar 包，单击如图 5-44 所示界面下方的"Install"。

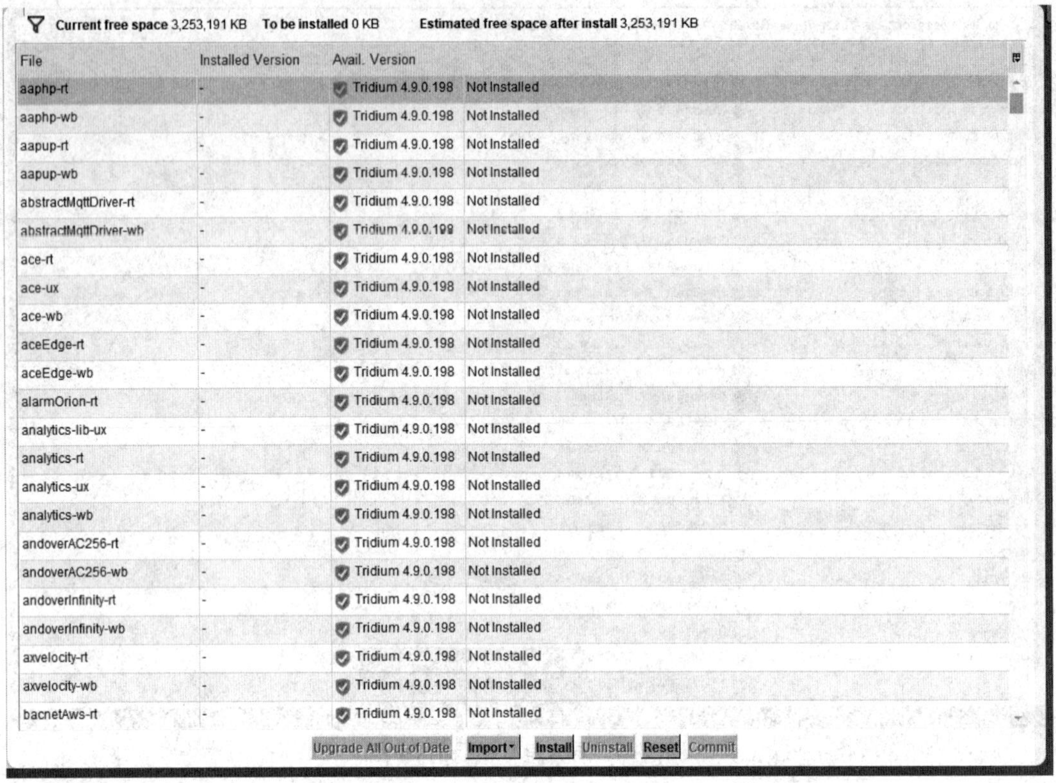

图 5-44　安装 aaphp-rt.jar 包

第四步：弹出如图 5-45 所示的弹出框，该框提示所安装的 jar 包需要同时安装依赖 jar 包，单击"OK"。

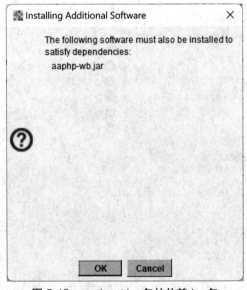

图 5-45　aaphp-rt.jar 包的依赖 jar 包

第五步：此时 aaphp-rt.jar 包和 aaphp-wb.jar 包的安装状态发生改变，如图 5-46 所示。

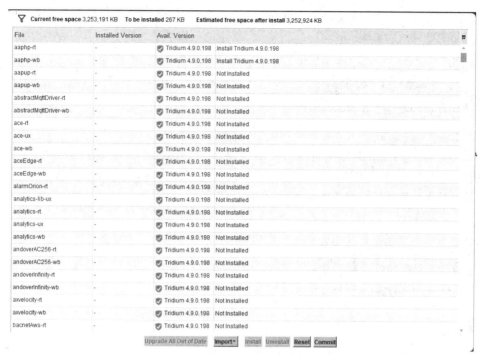

图 5-46 改变了的安装状态

第六步：单击图 5-46 下方的"Commit"，等待 jar 包安装完成，将页面滑动到下方，aaphp-rt.jar 包和 aaphp-wb.jar 包已经安装完成，如图 5-47 所示。

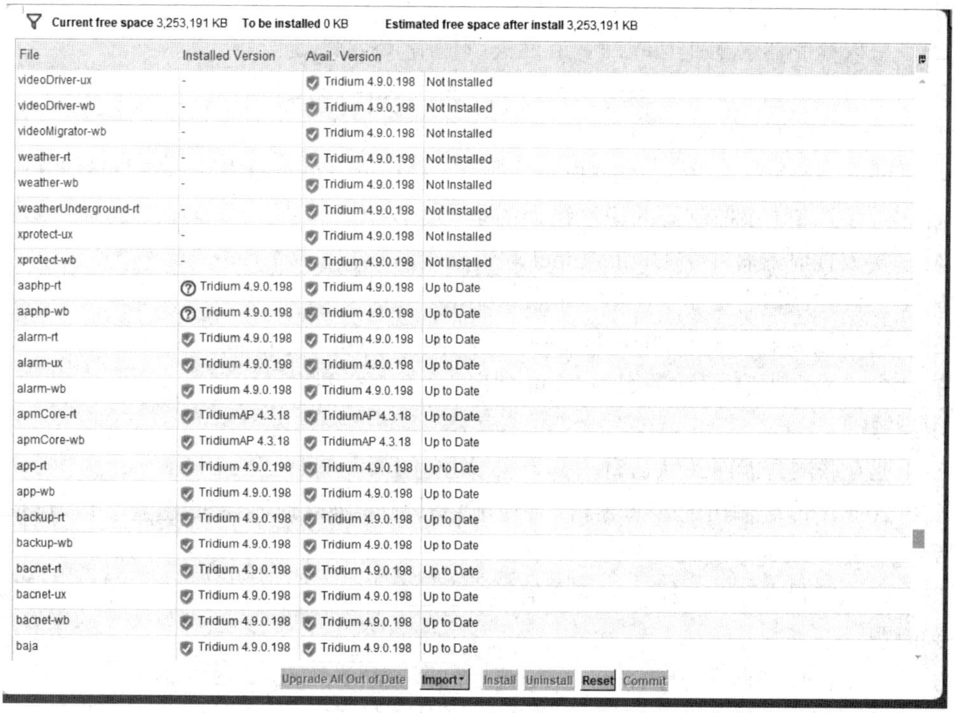

图 5-47 jar 包已安装完成

若 jar 包安装完成后，相关功能不能使用，尝试重启智能网关与 Niagara Workbench 即可。

通过本项目，对工业互联网智能网关、工业控制器、可编程控制器进行了学习，了解了其基础信息以及执行器、传感器与上述核心设备之间的接线方式，掌握了搭建局域网的方式，实现了在工业互联网智能网关中运行 Station 的任务。

选择题

1. 工业互联网智能网关 PRI 口的默认 IP 的是（　　）。
A.192.168.10.140　　B.192.168.10.1　　C.127.0.0.1　　D.192.168.1.140

2. 以下说法错误的是（　　）。
A. 工业互联网智能网关使用 24 V 供电
B. 多协议控制器使用 24 V 供电
C. 多协议控制器与工业互联网智能网关可使用 RS-232 通信
D. 可编程控制器与工业互联网智能网关可使用 RS-485 通信

3. DDC- 多协议控制器的接线口中，可以视为开关的是（　　）。
A.Analog Output　　B.Analog Input　　C.Digital Output　　D.Digital Input

4. 下列有关多协议控制器的说法错误的是（　　）。
A. 多协议控制器有 4 个 Digital Input 端口
B. 多协议控制器有 2 个 Analog Output 端口
C. 多协议控制器有 8 个 Digital Output 端口和 8 个 Digital Input 端口
D. 多协议控制器有 8 个 Analog Input 端口

填空题

5. 工业互联网智能网关默认有＿＿个以太网接口。

6. 0~20 mA 信号输出的传感器，信号线应该接到多协议控制器的＿＿＿口，短接帽应该调到＿＿类型。

7. 多协议控制器可以选择＿＿＿通信和＿＿＿通信。

判断题

8. 工业互联网智能网关与 DDC- 多协议控制器之间通过 RS-232 通信。（　　）

9. 工业互联网智能网关与上位机的连接可以使用 TCP/IP 协议，也可以使用 Wi-Fi 协议。（　　）

项目六　Python Web 项目

通过对与 Niagara 关联的 Python Web 项目的学习，了解常用的通信协议，熟悉 Python 的基础语法，掌握 Django 框架在项目中的作用，具备启用 Python Web 项目的能力，深入理解 Niagara 的通信与应用拓展能力。在任务的实现过程中：
- 了解常用的通信协议；
- 熟悉 Python 的基础语法；
- 掌握 Django 框架的使用方法；
- 能够启用 Python Web 项目。

【情境导入】

近年来，数据可视化的发展迅速，各种技术开始成熟并被应用到各个领域中。新的产品与功能越来越多，同时又带动了各个行业的发展。Niagara 框架也有对外拓展的功能，使用特定通信，配置特定服务，即可实现更强大的功能。

【任务描述】

- 为项目添加 Obix 服务。
- 配置局域网。
- 准备 Python Web 项目运行环境。
- 启动 Python Web 项目。

【效果展示】

Python Web 项目运行效果如图 6-1 所示。

图 6-1 Rython Web 项目运行效果

技能点一 通信协议

1.BACnet

BACnet（Building Automation Control network）是由 ASHRAE（American Society of Heating, Refrigerating, and Air Conditioning Engineers）开发的自动化设备的数据通信协议。BACnet 驱动程序使用标准的 Niagara Framework 网络架构实现该协议。

在 Niagara 框架中根据配置的不同，一个 BACnet Network 可以代理 BACnet 设备，这些设备不仅驻留在不同的 BACnet Network 中，而且还可以通过主机控制器上的不同物理端口访问。

2.Modbus

Modbus 是一种常见的工业通信协议，Modbus 协议中定义了通信事务中使用的消息结构和格式。

Modbus 设备使用主从方法进行通信，其中只有主设备可以启动通信事务。在大多数集成（ModbusAsync、ModbusTcp）中，在 Niagara 框架中 Modbus 网络上只能有一个主设备——工业互联网智能网关，所有其他设备必须是 Modbus 从设备。

3.Obix

Obix 是一种 XML 通信协议，使用 Http Request/Post 方式进行数据通信。所有数据通过可读字符进行传送，一个 Obix 对象可以有唯一的一个 URL 识别。其由 IONA 公司开发，支持 CORBA。

4.HTTP

超文本传输协议（Hyper Text Transfer Protocol，HTTP）是一个简单的请求响应协议，万维网（World Wide Web）发源于欧洲日内瓦量子物理实验室 CERN，在 WWW 的背后有一系列的协议和标准支持它完成如此宏大的工作，这就是 Web 协议族，其中就包括 HTTP 超文本传输协议。

HTTP 是应用层协议，与其他应用层协议一样，其是为了实现某一类具体应用的协议，并由某一运行在用户空间的应用程序实现其功能。HTTP 是一种协议规范，这种规范记录在文档上，为真正通过 HTTP 进行通信的 HTTP 的实现程序。

Web 服务是基于 TCP 的，因此为了能够随时响应客户端的请求，Web 服务器需要监听在 80/TCP 端口。这样客户端浏览器和 Web 服务器之间就可以通过 HTTP 进行通信了。

技能点二　Python

Python 由荷兰数学和计算机科学研究学会的 Guido van Rossum 于 20 世纪 90 年代初设计，作为 ABC 语言的替代品。Python 提供了高效的高级数据结构，还能简单有效地面向对象编程。Python 语法和动态类型，以及解释型语言的本质，使它成为多数平台上写脚本和快速开发应用的编程语言，随着版本的不断更新和语言新功能的添加，逐渐被用于独立的、大型项目的开发。

Python 解释器及丰富的标准库在 Python 官网 https://www.python.org/ 上以源码或适用于各主要系统平台的机器码形式免费提供，并可自由地分发。

该网站还包含许多免费的第三方 Python 模块、程序和工具的发布包及其附加文档的链接。

1.pip

pip 是 Python 包管理工具，Python 2.7.9+ 或 Python 3.4+ 以上版本的安装中都自带 pip 工具。

使用 pip 工具极大地方便了 Python 包的管理，该工具提供了对 Python 包的查找、下载、安装、卸载的功能。

2. Python 基础

(1) Hello World

运行 Python 的第一个 Hello World 程序代码,如图 6-2 所示。

```python
print('Hello World')
```
```
0.3s
Hello World
```

图 6-2　Hello World

(2) 缩进

Python 使用空格缩进,属于相同代码块的代码使用相同的空格缩进,如图 6-3 所示。

```python
requests.packages.urllib3.disable_warnings()
    response = requests.get(address, auth=(user, password), verify=False)
point_name_list = []
point_value_list = []
if response.status_code==200:
    xml_data = response.text
    soup = BeautifulSoup(xml_data, 'lxml')
    points = soup.find_all('ref')
    for point in points:
        point_name_list.append(point['name'])
        point_value_list.append(point['display'].split(" ")[0])
data_dict = dict(zip(point_name_list,point_value_list))
```

图 6-3　Python 的缩进

(3) 关键字

此处,讲解 Python 3.x 版本。图 6-4 所展现的为 Python 3 版本的关键字。

```python
import keyword
print(keyword.kwlist)
```
```
0.4s
['False', 'None', 'True', 'and', 'as', 'assert', 'async', 'await', 'break', 'class', 'continue',
'def', 'del', 'elif', 'else', 'except', 'finally', 'for', 'from', 'global', 'if', 'import', 'in',
'is', 'lambda', 'nonlocal', 'not', 'or', 'pass', 'raise', 'return', 'try', 'while', 'with', 'yield']
```

图 6-4　Python 3 版本的关键字

(4) 数据类型

Python 中,变量无须声明,但每个变量都必须在赋值后才会被创建。Python 3 中的标准的数据类型变量运用如图 6-5 所示。

Python 的标准数据类型包括:

- Number(数字);
- Boolean(布尔类型);

- String(字符串);
- List(列表);
- Tuple(元组);
- Set(集合);
- Dictionary(字典)。

```
1  bool_data = True
2  num_data = 1234
3  str_data = 'string'
4  list_data = [1,2,[3,'list']]
5  dict_data = {'data':'dict'}
6  set_data = {1,2,'set'}
7  tuple_data = (1,2,'tuple')
8  print(bool_data, num_data, str_data, list_data, dict_data, set_data, tuple_data)
```

```
True 1234 string [1, 2, [3, 'list']] {'data': 'dict'} {1, 2, 'set'} (1, 2, 'tuple')
```

图 6-5　Python 的标准数据类型

(5)注释

Python 中单行注释以#开头,多行注释以单引号或双引号隔开,如图 6-6 所示。

```
1  #单行注释
2  '''
3  单引号多行注释
4  '''
5  """
6  双引号多行注释
7  """
```

图 6-6　Python 注释

(6)运算符

Python 的基础运算符如表 6-1 所示。

表 6-1　Python 运算符

运算符	运算符名称	运算符作用
+	加	对象值相加,或字符串连接
-	减	对象值相减
*	乘	对象值相乘,或字符串重复若干次
/	除	对象值做除法
%	取余	返回对象做除法后的余数
**	幂	返回对象的幂运算结果
//	取整	向下取整

Python 的加减运算以及乘除、取余、取整的运用如图 6-7、图 6-8 所示。

```
1  a = 1
2  b = 2
3  c = 'abc'
4
5  print(a + b)
6  print(a - b)
7  print(c + c)
✓ 0.5s                                                    Python
3
-1
abcabc
```

图 6-7　Python 加减运算

```
1  a = 2
2  b = 6
3  c = 'abc'
4  d = 4.2
5
6  print(a * b)
7  print(b / a)
8  print(b % a)
9  print(b // a)
10 print(c * 3)
✓ 0.5s                                                    Python
12
3.0
0
3
abcabcabc
```

图 6-8　Python 乘除、取余、取整

（7）条件判断

Python 的条件判断运用如图 6-9 所示。

```
1  condition1 = True
2  condition2 = False
3
4  if condition1:
5      print('condition1通过')
6  elif condition2:
7      print('condition2通过')
8  else:
9      print('无符合条件')
✓ 0.3s                                                    Python
condition1通过
```

图 6-9　Python 条件判断

（8）循环语句

Python 的循环语句分为 while 语句与 for 语句，其运用如图 6-10、图 6-11 所示。

```
1  a = 5
2  b = 1
3 ▽ while a > b:
4      print('b=', b)
5      b += 1
  0.5s                                            Python
b= 1
b= 2
b= 3
b= 4
```

图 6-10　while 循环

```
1  alist = [1, 2, 'a', 'b',[3, 4]]
2
3  for i in alist:
4      print(i)
  0.3s                                            Python
1
2
a
b
[3, 4]
```

图 6-11　for 循环

(9) 函数

Python 函数的定义使用 def 关键字，函数可分为有参、无参，有返回值、无返回值，其运用如图 6-12 所示。

```
 1  def function1():
 2      print('函数1')
 3
 4  def function2(a):
 5      print('a=',a)
 6
 7  def function3(b):
 8      return b ** 2
 9
10  function1()
11  function2(1024)
12  c = function3(3)
13  print(c)
  0.5s                                            Python
函数1
a= 1024
27
```

图 6-12　Python 函数

技能点三　Django 框架的作用

Django 是一个由 Python 编写的开放源代码的 Web 应用框架。

Django 最初被设计用于具有快速开发需求的新闻类站点,目的是实现简单快捷的网站开发。

使用 Django,可使用少量的代码搭建项目,Python 的程序开发人员即可完成一个正式的 Web 网站所需要的大部分内容,Python 加 Django 是快速开发、设计、部署网站的极佳组合。Web(World Wide Web),也称万维网,此处所指的 Web 是浏览器服务。

Web、Django、Niagara 服务与硬件设备的层级关系为硬件设备作为底层,Niagara 服务运行在 PC 或智能网关上,Django 服务和 Web 服务运行在 PC 上,其结构如图 6-13 所示。

图 6-13　项目各层级硬件设备关系

项目各个层级的通信关系如图 6-14 所示,Django 服务在项目中提供了 Niagara 服务与浏览器界面的转接功能,来自 PC 或智能网关的数据被 Django 整理转发给浏览器界面,浏览器界面提供了更丰富的展示样式。

图 6-14　项目各层级通信关系

1.Python Web 项目启动

第一步：如图 6-15 与图 6-16 所示，在 NiagaraWorkbench 的调色板中搜索 obix，双击 obixDriver 将 obix 库中的 obixDriver 添加到 Driver 中。

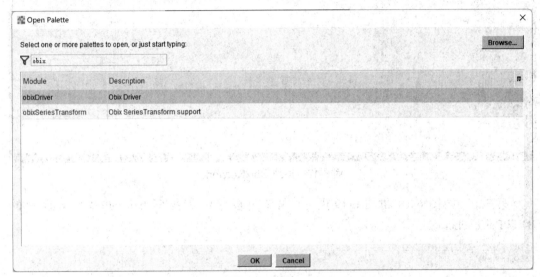

图 6-15　搜索 obix

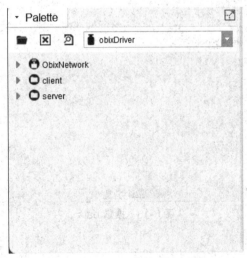

图 6-16　Palette 中的 obixDriver

第二步：将 ObixNetwork 添加到站点中 Config 的 Driver 中，如图 6-17 所示。

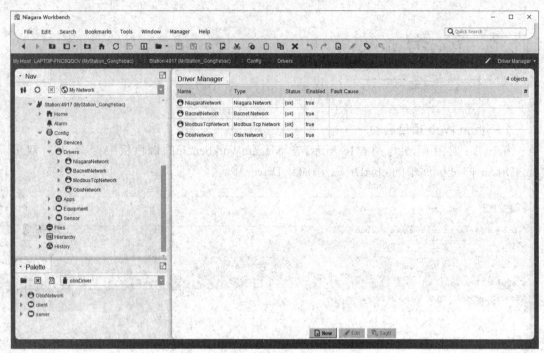

图 6-17 添加 ObixNetwork

第三步：如图 6-18 和图 6-19 所示，在调色板中继续搜索 baja，并找到 baja 中的 HTTPBasicScheme。

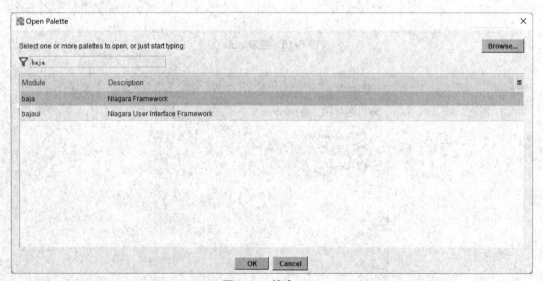

图 6-18 搜索 baja

图 6-19　baja 中的 HTTPBasicScheme

第四步：如图 6-20 所示，将 HTTPBasicScheme 添加到 Config 中 Services 的 Authentication-

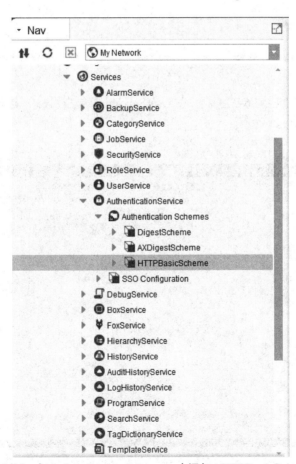

图 6-20　在 Authentication Schemes 中添加 HTTPBasicScheme

Service 中的 Authentication Schemes。

第五步：如图 6-21 所示，在 RoleService 中单击"New"添加一个角色，并将其命名为 ObixUser，用户权限勾选 Super User 选项，单击"OK"。

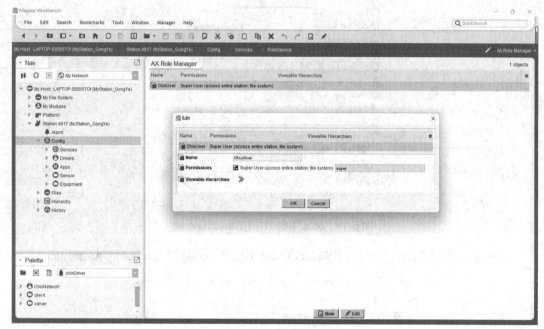

图 6-21　添加角色

第六步：如图 6-22 与图 6-23 所示，在 UserService 中单击"New"添加新用户。

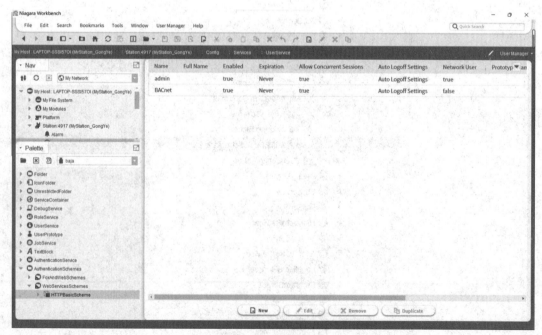

图 6-22　新建用户

图 6-23　添加新用户

第七步：在图 6-24 所示的界面中，为新用户设定用户名为 ObixUser，用户角色选择为 ObixUser，Authentication Scheme Name 选择 HTTPBasicScheme，并为其配置登录密码。

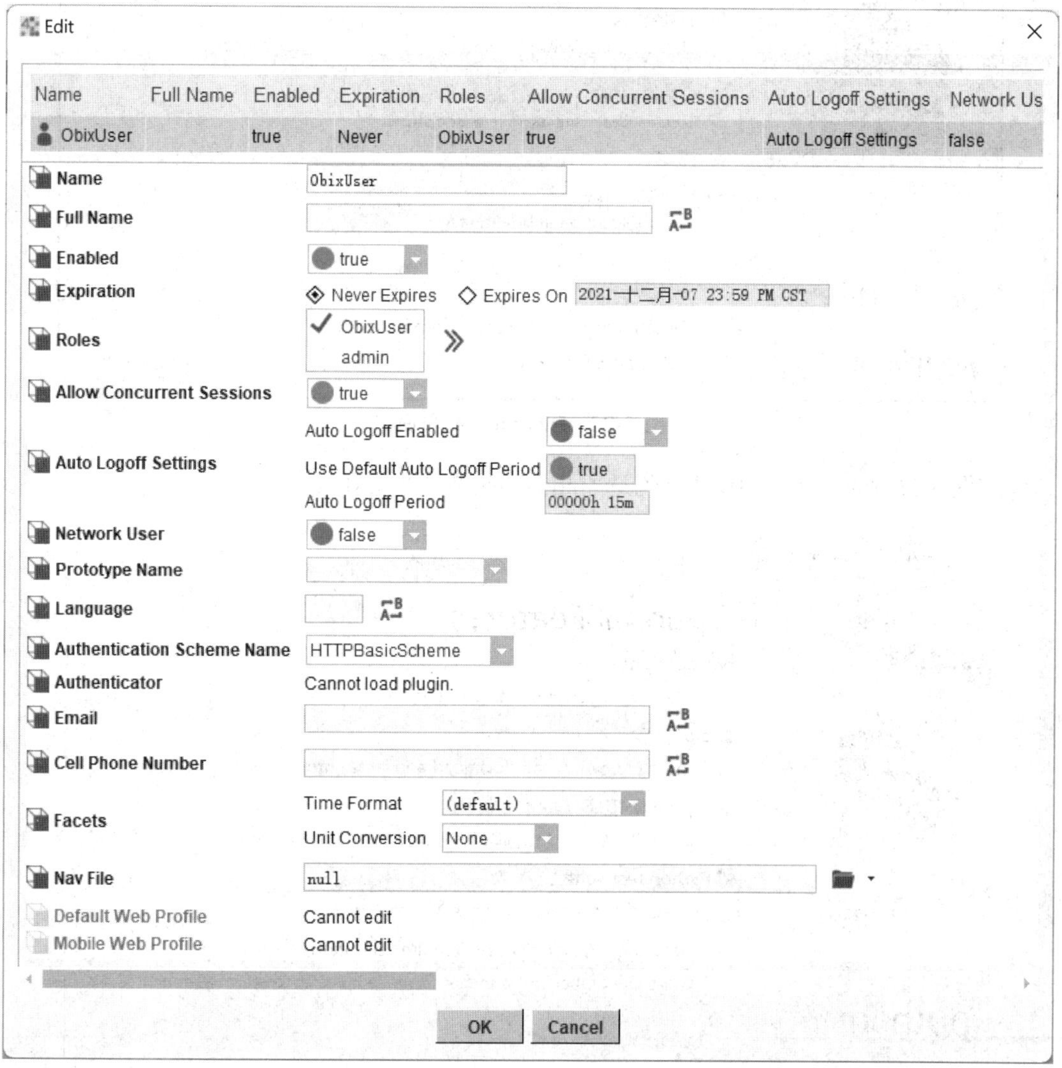

图 6-24　设置用户信息

2. 准备 Python 环境

安装 Python，建议版本在 3.6 及以上，本次安装使用 Python 3.9 版本，安装文件可访问官网 https://www.python.org 获得，选择符合系统的版本。不建议使用最新版本的 Python。

图 6-25 为 Python 的安装界面，在界面中勾选"Add Python 3.9 to PATH"选项，选择"Customize installation"（自定义安装）。

图 6-25 Python 安装界面

在图 6-26 所示的选项中，注意勾选"pip"选项，单击"Next"。

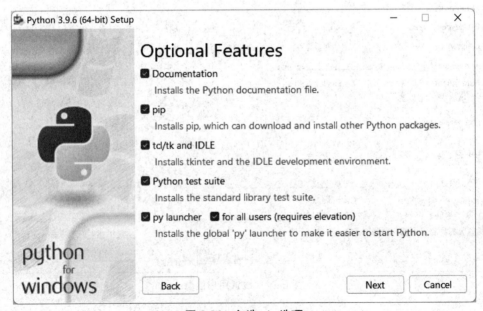

图 6-26 勾选 pip 选项

如图 6-27 所示，注意勾选"Add Python to environment variables"选项，单击"Install"进行安装。

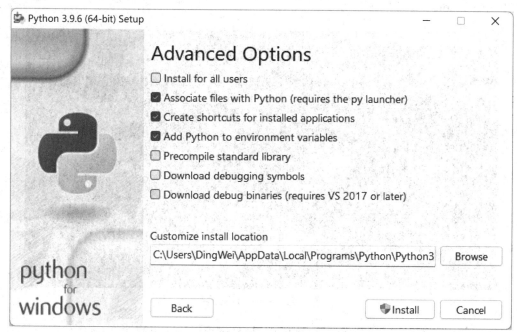

图 6-27　路径环境变量

打开 cmd，输入 pip，显示效果如图 6-28 所示，说明环境变量已自动配置，pip 安装配置正常。

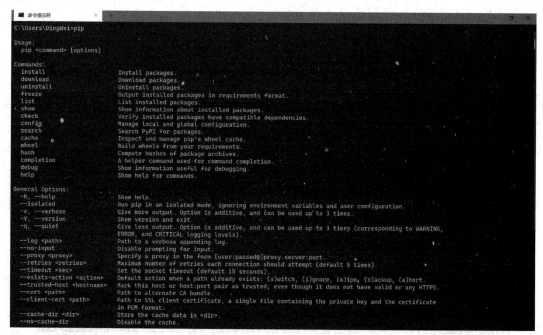

图 6-28　pip 安装验证

3. 运行项目

如图 6-29 所示，找到提供的项目文件 NiagaraProject，打开 cmd 或其他可用命令终端，使用终端或 cmd 跳转到项目目录。

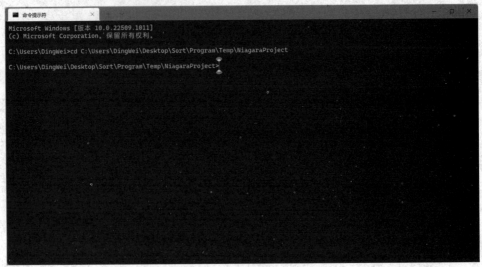

图 6-29 进入项目目录

可以使用国内的源下载所需的 Python 库，这样做可以提高下载速度，例如豆瓣源。

在 cmd 中运行以下命令：

pip install -r .\requirements.txt -i https://pypi.douban.com/simple

该命令是从豆瓣源下载 Python 库，由于是从国内下载，有较好的下载速度等待各个库安装完成。

在 cmd 中，NiagaraProject 项目的目录下，运行命令：python ./manage.py runserver，运行效果如图 6-30 所示。

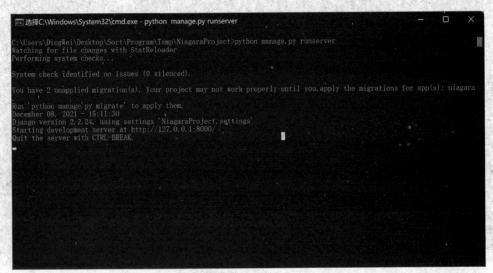

图 6-30 项目运行

在浏览器访问 http://127.0.0.1:8 000/niagara/index，界面显示效果如图 6-31 所示。

图 6-31　Python Web 项目运行结果

4. 配置可编程控制器与智能网关的通信

第一步：保证站点运行在工业互联网智能网关的 Platform 中，双击打开 Modbus TCP 文件，文件主程序如图 6-32 所示。

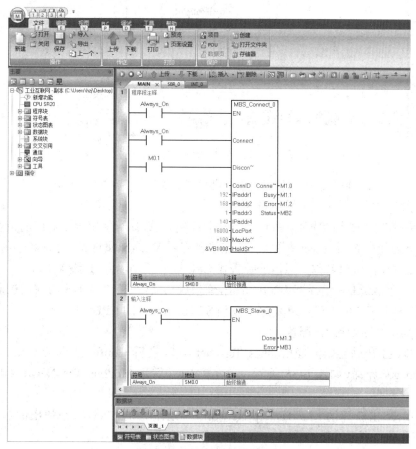

图 6-32　可编程控制器程序

第二步：配置通信地址与端口，单击并修改 IPaddr1、IPaddr2、IPaddr3 和 IPaddr4，根据所连工业互联网智能网关的 IP，配置对应的 IP 地址（工业互联网智能网关默认 IP 为 192.168.1.140），并将端口 LocPort 改为 16000，如图 6-33 所示。

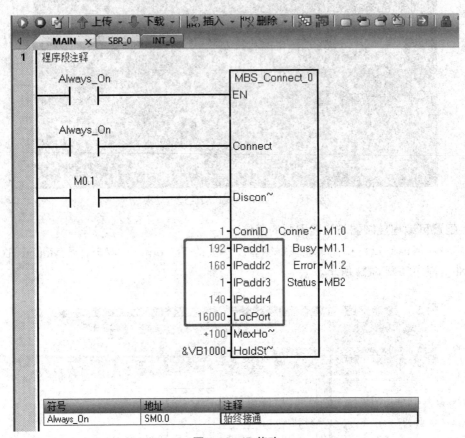

图 6-33　IP 修改

第三步：与 S7-200 Smart 通信，调试本机地址，确保与 S7-200 Smart 在同一网段，双击"通信（非指令中的通信）"，如图 6-34 所示。

第四步：在打开的通信窗口中，单击下拉通信接口，选择所使用电脑对应的接口，电脑接口名在网络连接中查看，例如使用 Wi-Fi 连接则查看 WLAN 属性接口名称；使用网线连接则查看以太网属性接口名称。然后选择查找 CPU 或者手动输入 IP 添加 CPU。

第五步：下载通信程序到 S7-200 Smart，通信成功后，在菜单栏单击可编程控制器，单击 RUN，单击下载，把 Modbus TCP 程序下载到 S7-200 Smart 的 CPU 中。

5.Niagara Workbench 配置

第一步：打开站点，添加 Modbus Tcp Network，展开 Config 找到 Drivers，双击进入 Driver Manager 界面，如图 6-35 所示。单击"New"新建 Modbus Tcp Network，如图 6-36 所示。

第二步：双击新建的 Modbus Tcp Network，单击下方的"New"，在弹出的窗口中单击"OK"，如图 6-37 所示。

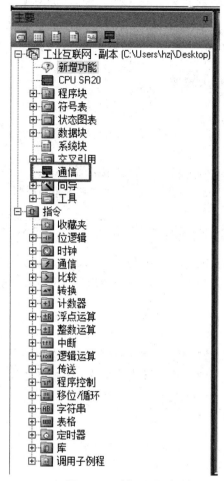

图 6-34 选择通信

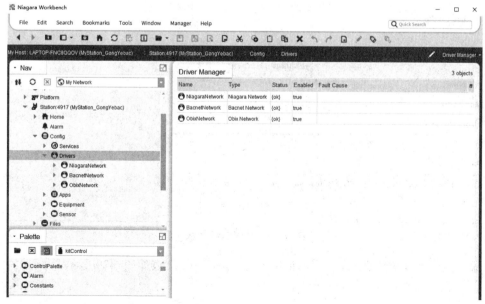

图 6-35 打开 Drivers

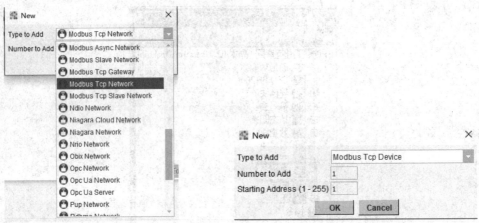

图 6-36 新建 Modbus Tcp Network   图 6-37 添加设备

第三步：通信配置，在弹出的窗口中进行配置，将 Ip Address 修改为 S7-200 Smart 的 IP（图例为 192.168.1.10，以实际为准），Port 改为通信程序设定的 16000，如图 6-38 所示。

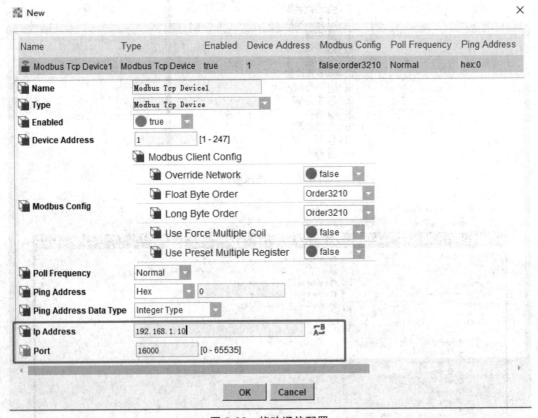

图 6-38 修改通信配置

添加点位。并单击进入新建的 Modbus Tcp Device1 点位，如图 6-39 所示。

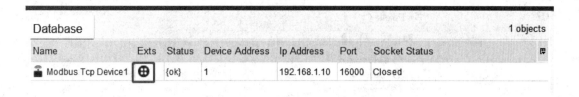

图 6-39　打开点位界面

第四步：单击下方的"New"开始新建与实际设备对应的点位，将进制改为 16 位，并注意设备的初始位为 0，如图 6-40 所示。

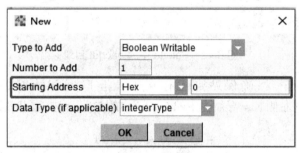

图 6-40　添加点位

6. 配置多协议控制器与智能网关的 BACnet 通信

第一步：使用 BACnet 协议，需要在项目中添加 BACnet 控件，在 Palette 中搜索 bacnet 库，如图 6-41 和图 6-42 所示。

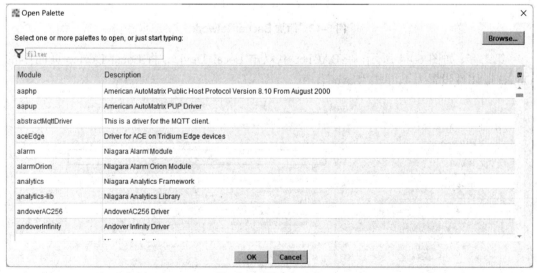

图 6-41　搜索 bacnet

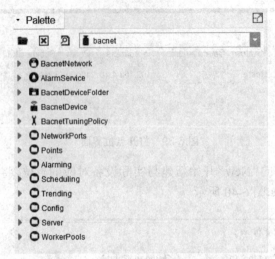

图 6-42 Palette 下的 bacnet 目录

确保硬件连接正常,确保站点运行在工业互联网智能网关中,进入站点。将 BacnetNetwork 添加到左侧 Nav 导航栏中的 Config 中的 Drivers 中,展开效果如图 6-43 所示。

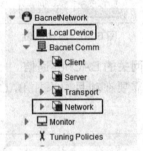

图 6-43 添加 BacnetNetwork

第二步:如图 6-44 所示,在 BACnet 中双击 Local Device,将 Local Device 页面中的 Object Id 属性设置为 1,单击"Save"保存。

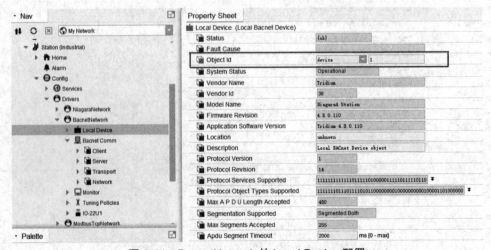

图 6-44 BacnetNetwork 的 Local Device 配置

第三步：在 bacnet 的 Palette 中，展开 NetworkPorts，如图 6-45 所示，然后将 MstpPort 添加到指定目录下的 Network 中，如图 6-46 所示。

图 6-45　Bacnet 库中的 MstpPort

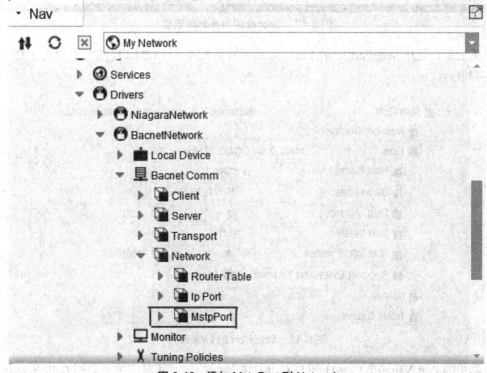

图 6-46　添加 MstpPort 到 Network

第四步：如图 6-47 所示，双击 Bacnet Comm 中的 Network，进入属性表，将属性表中的 Ip Port 的 Enabled 设置为 true，MstpPort 的 Enabled 也设置为 true。

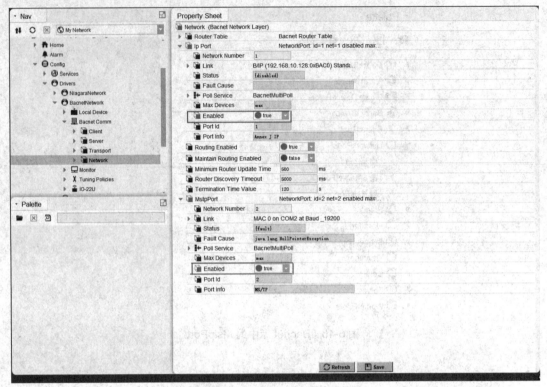

图 6-47　Bacnet 的 Network 设置

第五步：展开 MstpPort 中的 Link，为其配置波特率和 COM 口，波特率设为 19200，如图 6-48 所示。

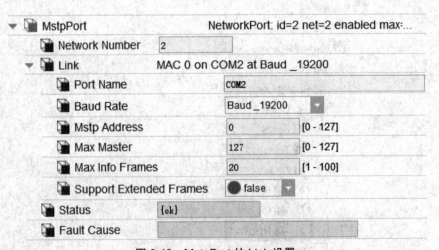

图 6-48　MstpPort 的 Link 设置

其中的 Port Name 是 COM1 还是 COM2 由接线决定。其对应关系如图 6-49 所示。

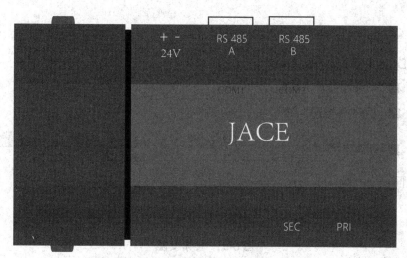

图 6-49　工业互联网智能网关的 Com 口

第六步：站点的 BacnetNetwork 页面如图 6-50 所示，单击"Discover"，扫描一下多协议控制器连接情况。

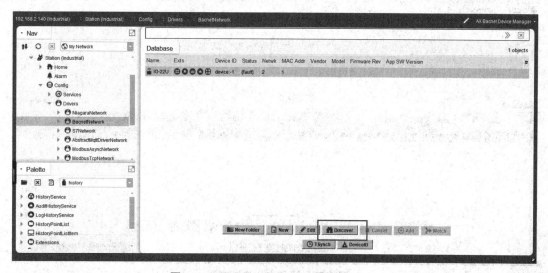

图 6-50　BacnetNetwork 下进行 Discover

第七步：双击扫描到的多协议控制器，弹出框如图 6-51 所示，默认配置不变，直接单击"OK"。

第八步：如图 6-52 所示，已经成功搜索到了多协议控制器，在 Discovered 框中双击多协议控制器，添加到 Database 框中。

第九步：在图 6-53 中，选择设备类型，为"Vykon IO APM BACnet Device"，单击"OK"。

如图 6-54 所示，设置完成后，设备正常通信，多协议控制器的设备状态是 OK。

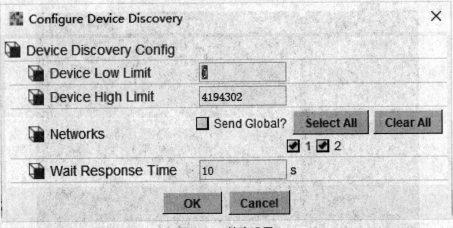

图 6-51 搜索设置

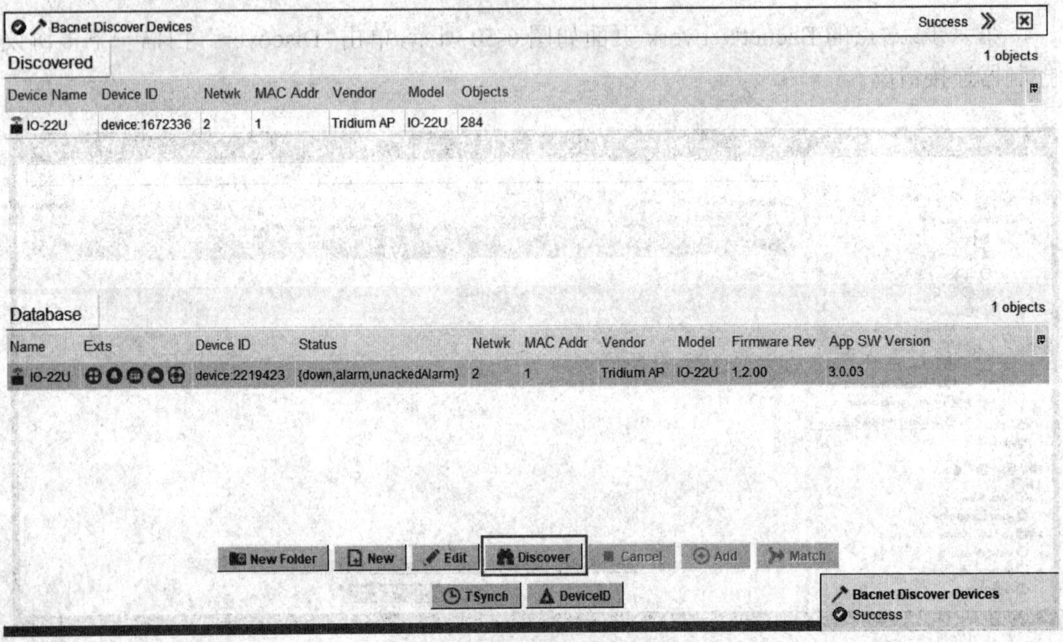

图 6-52 添加多协议控制器

完成上述操作后,在 Nav 侧栏中多协议控制器设备在 Niagara Workbench 中的目录结构如图 6-55 所示。

第十步:双击图 6-55 中的 Points,弹出 Ponits 的页面如图 6-56 所示,单击"Discover",扫描多协议控制器的点位。

扫描结果如图 6-57 所示。扫描出的点位 Object Name 对应多协议控制器的信号输入输出点位,Object ID 对应端口号和类型。例如图 6-58 所示的多协议控制器的 AI 1 口对应图 6-57 所示的 Object Name 为 UI 1,Object ID 是 analogInput:1,DO 1 对应的 Object Name 为 DO 1,Object ID 是 binaryOutput:1。

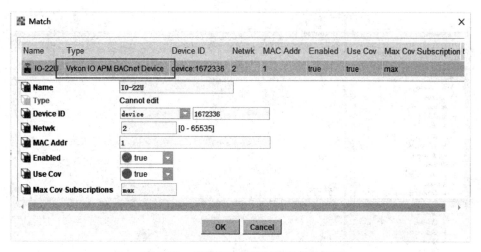

图 6-53　设置多协议控制器的设备类型

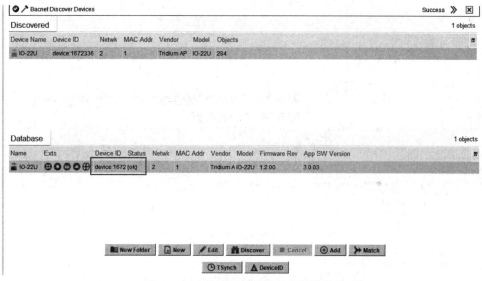

图 6-54　多协议控制器的设备通信状态

图 6-55　多协议控制器的 Nav 目录结构

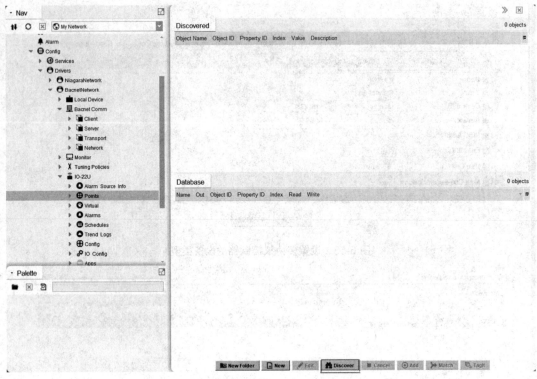

图 6-56 Points 页面

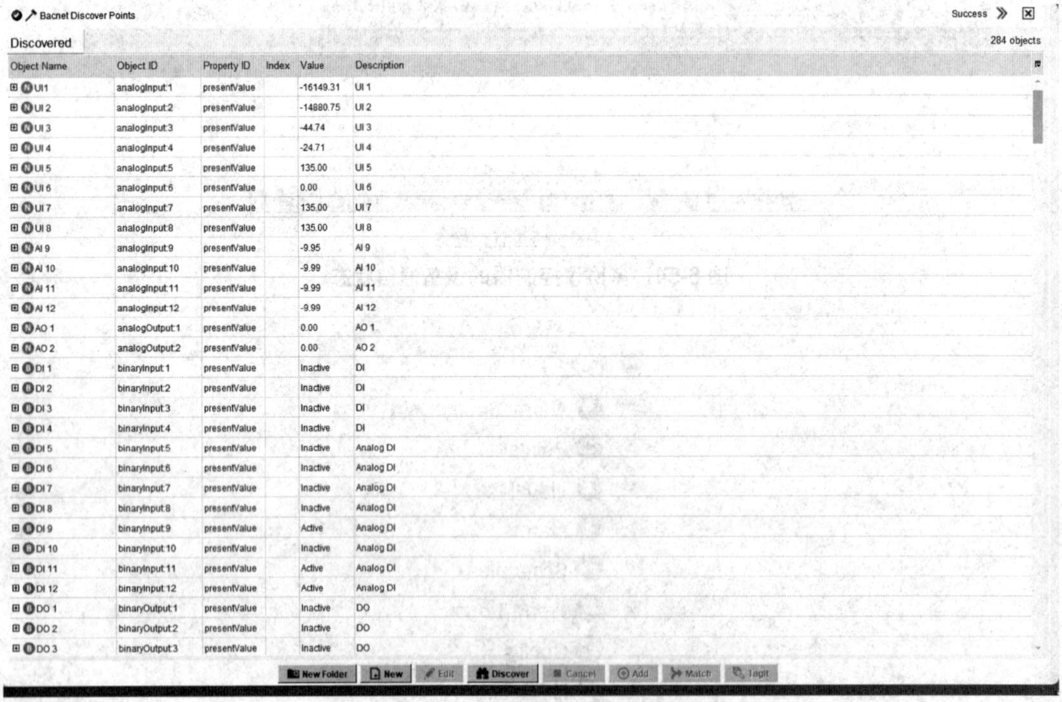

图 6-57 Points 扫描结果

图 6-58 多协议控制器端口类型

第十一步：单击图 6-57 中 Discover 扫描出的点位，双击需要接入的点位。以温度传感器为例，假设温度传感器连接在多协议控制器的 AI 1 处，双击 UI 1 弹出点位设置窗口，依次配置 Name，将 Enabled 设置为 true，在 Facets 中设置检测数据单位（温度为℃、光照为 lux 等），转换关系 Conversion 一般默认为 Default，根据传感器的不同，有时还需设置 Conversion（如线性、反极性等），然后单击"OK"，如图 6-59 所示。

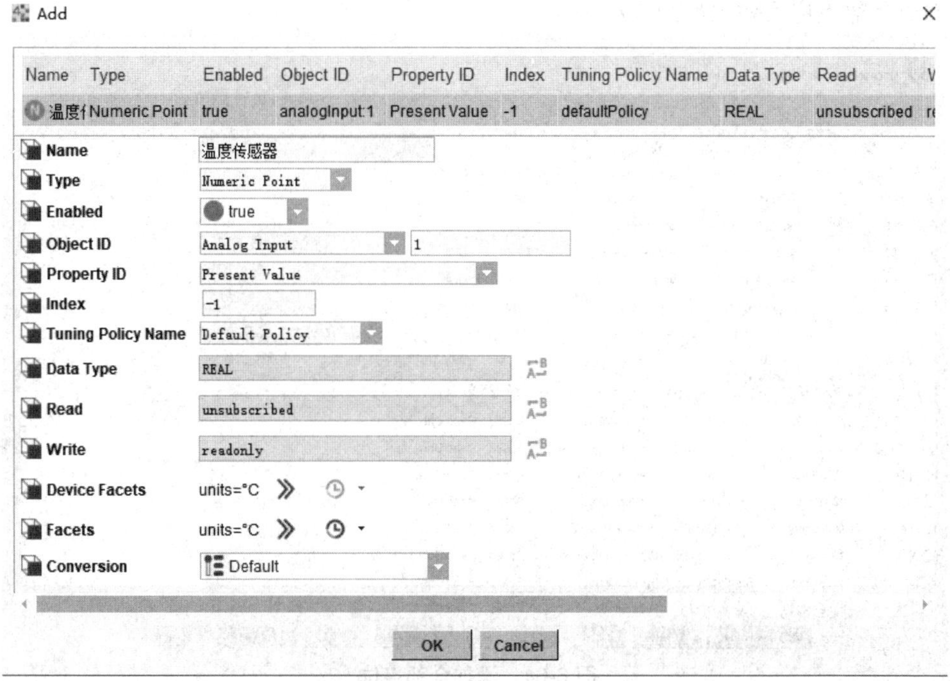

图 6-59 添加 AI 信号类型点位

以灯为例，假设灯连接在多协议控制器的 DO 1 处，双击 DO 1 弹出点位设置窗口，依次配置 Name，将 Enabled 设置为 true，在 Facets 中设置开关状态（ON/OFF），转换关系 Conversion 一般默认为 Default，然后单击"OK"，如图 6-60 所示。

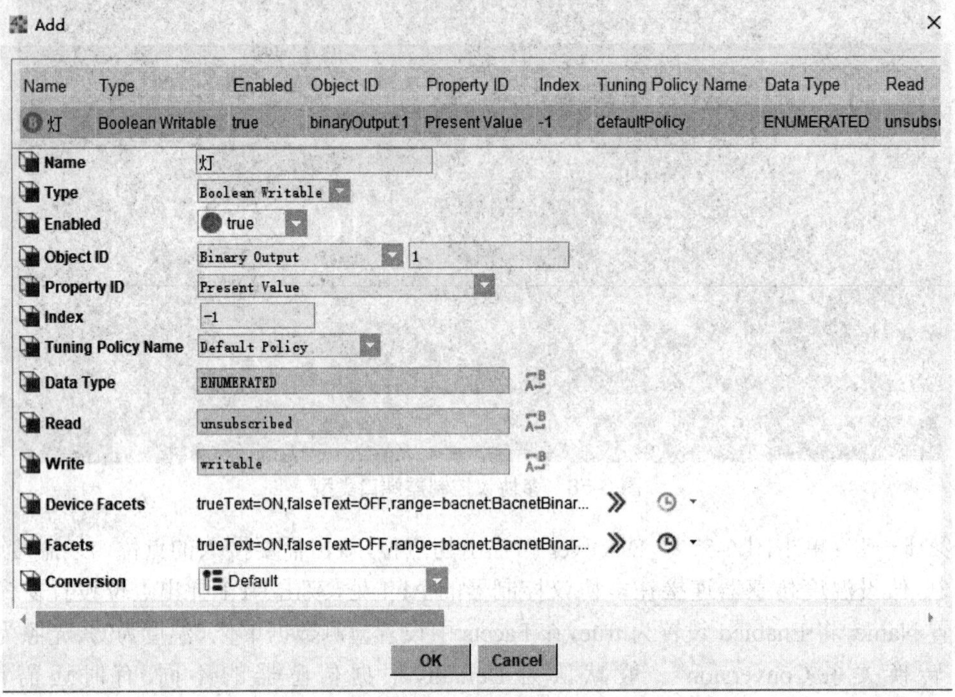

图 6-60　添加 DO 信号类型点位

添加全部点位后效果如图 6-61 所示。

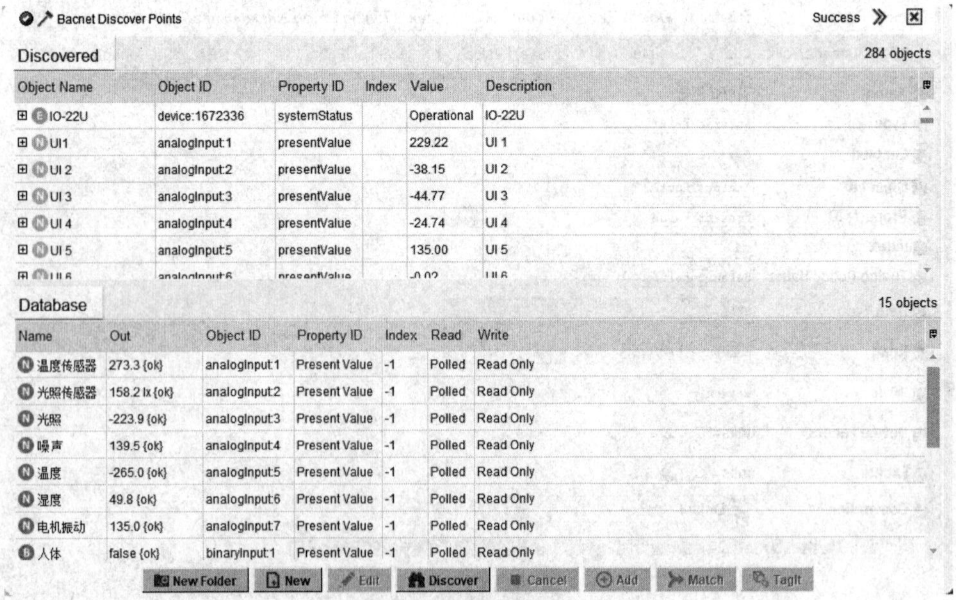

图 6-61　添加全部点位

点位的状态显示“ok”，说明点位通信处于正常状态。

如对接的是灯、电机等受控硬件，“ok”状态出现后，就已经可以控制它们，到这一步就可以操作试一下看硬件接通与否。

第十二步：如图 6-62 所示，双击多协议控制器目录下的 IO Config，需要在此处配置传感器的信号类型和量程。

IO-22U
Alarm Source Info
Points
Virtual
Alarms
Schedules
Trend Logs
Config
IO Config
Apps

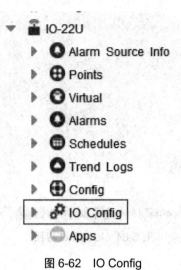

图 6-62　IO Config

在 IO Config 中选择 IO Points，如图 6-63 所示。

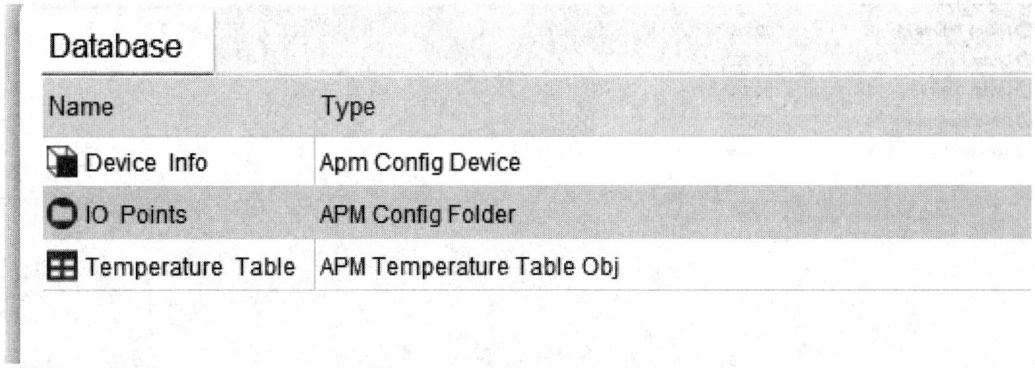

Database
Name
Type
Device Info
Apm Config Device
IO Points
APM Config Folder
Temperature Table
APM Temperature Table Obj

图 6-63　IO Config 中的 IO Points

第十三步：如图 6-64 所示为，IO Points 界面，在该界面中单击“Auto Load”。

第十四步：单击“Auto Load”后，会加载出一些文件夹，文件夹会与多协议控制器的端子类型对应，双击进入 Analog Inputs 文件夹，如图 6-65 所示。

Analog Inputs 文件夹界面如图 6-66 所示，Name 一栏的点位与多协议控制器的输入输出点位相对应。

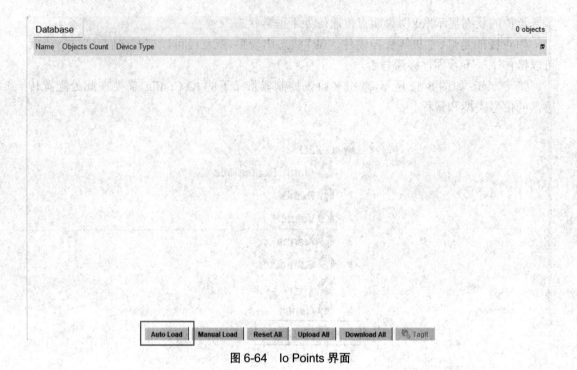

图 6-64 Io Points 界面

图 6-65 Auto Load 结果

图 6-66　Analog Inputs 文件夹界面

第十五步：根据接线，选择对应的 UI 点（与 BACnet 设备的点位 Object ID 和接线端口对应），双击进入配置界面，如图 6-67 所示。

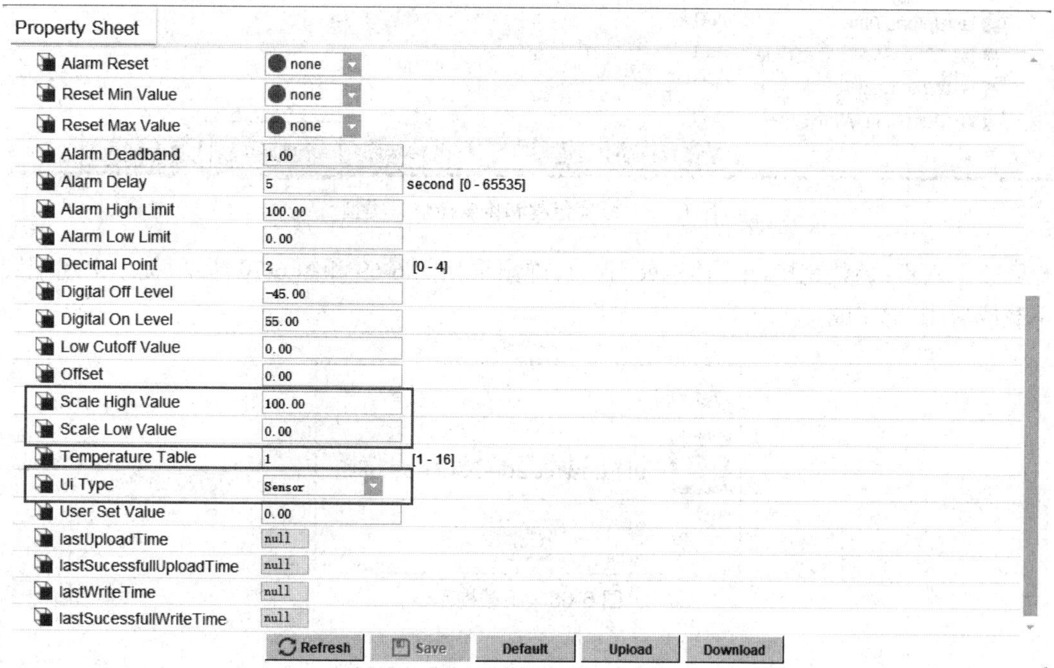

图 6-67　配置界面

图 6-67 标出的是量程（Scale）和传感器信号类型（UI Type），光照对应的量程是 0~65535lx，信号类型是 4~20Am（参照光照传感器的实际量程与信号类型设定）。

在配置好量程和传感器信号类型后，单击"Upload"，如图 6-68 所示。

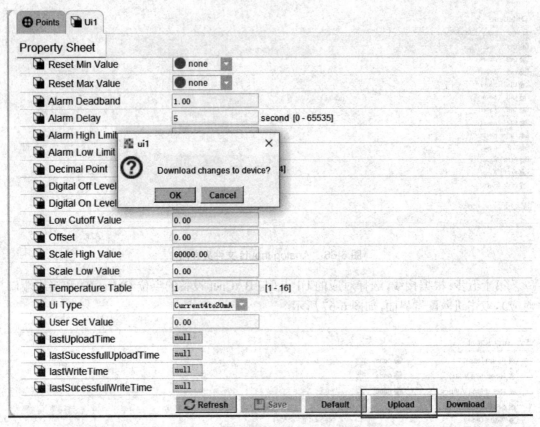

图 6-68　配置量程和传感器信号类型

第十六步：调整完毕，单击"Save"保存，弹出框如图 6-69 和图 6-70 所示，提示上述配置下载成功，配置完成。

图 6-68　下载提示

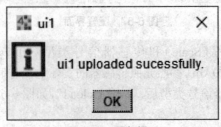

图 6-69　更新提示

打开多协议控制器的 Points 界面,查看新添加的点位数据,测试物理硬件和数据的交互情况。测试完毕即可在 Points 页面中使用 Link Mark 的方式与逻辑图进行连接。

本项目使用 Python Django 框架,实现了外部服务与 Niagara 的通信,得到了更复杂的页面展示效果。通过本项目更深入地了解了 Niagara 框架的运用以及拓展,理解了在整个工业互联网中各个技术与服务的作用。

选择题

1. 下列属于运行 Django Web 与 Niagara 进行数据交互的前提的是(　　)。
A.Obix 服务　　　　　　　　　　　B. 同一局域网
C. 使用 DHCP 的动态 IP 地址　　　　D.Python 运行环境

2. 下列 Python 变量中,属于字典的是(　　)。
A.[1, 2]　　　　B.{'a' : 12}　　　　C.(1, 'str')　　　　D.{12, 34}

3.def fun(x):
　　if x > 100:
　　　　print(x)
　　else:
　　　　fun(x * 2)
fun(3)
以上 Python 代码的输出结果为(　　)。
A.3　　　　　　B.108　　　　　　C.162　　　　　　D.192

4.
a = True
b = False
c = True
if a or b and c:
　　print('A')
elif a and b or c:
print('B')

else:

   print('C')

上述 Python 代码的输出结果为（　　）。

A.A　　　　　　B.B　　　　　　C.C　　　　　　D.语法报错！

5. 以下说法中错误的是（　　）。

A. 使用 BACnet 通信时在项目的 Config 目录下的 Dirvers 中添加 BacnetNetwork

B. 智能网关会自动扫描 COM 口

C. 多协议控制器的跳线有电流、电压、电阻信号三种

D. 无须拨码，可以直接使用 MSTP 扫描多协议控制器的地址